新手玩转短视频一本通

零基础
短视频变现

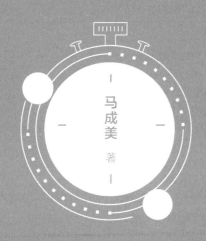

马成美

著

民主与建设出版社

· 北京 ·

© 民主与建设出版社，2023

图书在版编目（CIP）数据

零基础短视频变现 / 马成美著 .-- 北京：民主与
建设出版社，2023.6
ISBN 978-7-5139-4175-4

Ⅰ. ①零… Ⅱ. ①马… Ⅲ. ①视频制作②网络营销
Ⅳ. ① TN948.4 ② F713.365.2

中国国家版本馆 CIP 数据核字（2023）第 071903 号

零基础短视频变现
LINGJICHU DUANSHIPIN BIANXIAN

著　　者	马成美	
责任编辑	韩增标　　王宇瀚	
封面设计	末末美书	
出版发行	民主与建设出版社有限责任公司	
电　　话	（010）59417747　　59419778	
社　　址	北京市海淀区西三环中路 10 号望海楼 E 座 7 层	
邮　　编	100142	
印　　刷	三河市祥达印刷包装有限公司	
版　　次	2023 年 6 月第 1 版	
印　　次	2023 年 7 月第 1 次印刷	
开　　本	710 毫米 ×1000 毫米　　1/16	
印　　张	13.75	
字　　数	220 千字	
书　　号	ISBN 978-7-5139-4175-4	
定　　价	68.00 元	

注：如有印、装质量问题，请与出版社联系。

自 序

2014 年，我从香港城市大学毕业，拿到了传播与新媒体的硕士学位，来到北京工作。工作的第一家单位是北京科学教育电影制片厂，以实习编导的身份参与 CCTV10《大家》栏目的制作。《大家》是一个周播栏目，一年一共 52 期，制片人在年终统计收视率的时候，发现全年的收视率冠军竟是我做的一支片子。还是实习生的我，第一次误打误撞收获了一支"爆款"。

2015 年，正式入职央视纪录国际传媒有限公司，参与大型纪录片《航拍中国》第一季的制作。我担任其中三集的分集导演。这部纪录片是国内电视史上第一次采用全航拍镜头来展现，2017 年春节档一经播出，一下子又成为大家热议的"爆款"。

结束了长纪录片项目后，我开始尝试短片的创作，于是在 2017 年有了《暖暖：一个身体两种性别》这部作品，记得上线一周全网就有 200 多万的播放量，而且是在没有任何推广的情况下。这部短片还入围了当年金秒奖的最佳短纪录片，颁奖当天，见到了李子柒、辣目洋子、一禅小和尚等如今已经大红大紫的创作者。

2019 年我加入小米公司，负责 MIUI 海外社交媒体账号的打造，一年不到的时间，将两个账号从零开始做到了百万粉丝量。最关键的是，打造两个百万账号的成本低到惊人，由我带着一名实习生，用了不到 3000 元的道具费，仅此而已。当时组里的小伙伴说，你们应该再做一个"5 毛钱道具组"的账号，一定能火。

2021 年，我决定用自己的 IP 做自媒体，做自己的账号。虽然平台的红利期已过，那时入场算不上最好的时间，但是我依然依靠自己的内容创作能力，快速开启了自媒体创业之路，依旧是"爆款"频出，在做账号的第一个月就实现了变现。

随着粉丝量的提升，也有了越来越多的合作。比如多家出版社的出书邀请、多个平台的开课邀请，以及企业和政府培训等合作。2021 年 6 月，我成为小红书专栏的第一批受邀作者，推出了《央视导演带你零基础拍 Vlog》课程。2021 年 8 月，我的《美食制作拍摄秘籍》公开课在剪映创作课程上线，截至目前，已经有超 270 万次的学习。同时，我也代表剪映，去多所大学做创作分享。

此后，我便迈入了知识付费的赛道，将我多年的内容创作经验，以及自己的短视频变现方法，分享给更多的学员，带领大家一起打造短视频 IP，通过短视频实现涨粉、变现以及个人影响力的提升。

目前，与我深度链接的学员已经近千人。学员的身份与行业也各不相同，有学生，有宝妈，有 500 强企业的高管，有年营收过亿的轻创业团队长，有行业头部商学院的院长，有全网 60 万 + 粉丝自媒体博主等。几乎每一个行业都在寻求短视频的突破。

在大量的咨询实践中，我也总结了一套短视频创作和变现方法论。针对不同人群、不同诉求，都能够提供行之有效的短视频解决方案。我的学员中，有从零起步的宝妈，开发了自己的知识付费产品，年入百万；也有产品的创始人，发布的第一条短视频，就引流并转化了几十位精准用户；还有一些新手博主，通过有价值且精美的 Vlog 输出，实现了快速涨粉及商业合作。

这本书，是我自媒体创业以及辅导学员的经验总结。我从底层逻辑开始讲起，分享如何找到适合自己的定位和变现方式，如何让视频内容拥有爆款基因的同时，还拥有变现基因。在视频制作的板块，我也是将自己多年的短视频创作经验，用尽可能通俗的方式分享给你。希望在你的自媒体之路上，能给到最简单且有效的指导，快速开启自媒体创业与变现。

在超级个体崛起的时代，内容创作力是每个人不可或缺的能力。在短视频与直播成为人们重要的消费场景的时代，自媒体更是每个人都不可忽视的工具与平台。因此，我决定写这本书，将多年的内容创作经验分享出来，让更多的普通人能够低成本开启自媒体创业，找到人生更大的机会与舞台。

2023 年 1 月 1 日

第七章　拍摄筹备：低成本完成拍摄

第八章　拍摄实操：不同场景的拍摄实操

第九章　剪辑操作：不同类型视频剪辑技巧

第十章　运营技巧：短视频涨粉与转化

第十一章 直播间：离普通人最近的红利窗口

第一章

普通人为什么
要做自媒体

这是个体崛起的时代，许多人利用自媒体展示自己的生活、产品或者价值观，通过内容创作得到粉丝关注，从而收获经济回报。自媒体不仅仅是当下的风口，更是一种生活方式，它可以放大我们的价值，塑造个人影响力，提高抗风险能力。自媒体还是一种低成本、低风险的创业方式。各类社交平台是我们每一个人都可以去利用的工具，作为 IP 和产品的展示窗口，扩大流量入口，将更精准的客户引导到创作者的内容和产品前。无论你是谁，在什么样的岗位，只要愿意花时间和精力进行自媒体布局，你就拥有了人生和事业的加速器。

1.1　自媒体是最适合普通人的创业方式

未来 10 年，是超级个体的时代。
而自媒体，就是超级个体的超级武器。

1.1.1　为个人提升抗风险能力

风险无处不在，尤其是对于普通人来说，我们的抗风险能力十分有限。一场突如其来的疫情，让很多企业和个体倒下了，甚至是一些行业巨头，也在这突如其来的打击中摇摇欲坠。未来还有哪些不可抗力，我们是无法预测的。因此，提前规划事业的第二曲线，提高自己的抗风险能力，是每个人的必修课。

而自媒体，就是普通人快速逆袭的舞台。

有人会问，自媒体和短视频已经发展了这么多年，现在入局还有机会吗？普通人通过短视频还能够变现吗？确实，现在相比几年前短视频刚刚兴起的时候，内容创作已经没有那么容易。

但是，只要你想做，就一定能做起来。

首先，短视频和直播是大趋势，是未来社交和消费的主要场景，放弃短视频就等于放弃了主流市场。像传统纸媒，如果不转型新媒体，就将走向衰落。所以，越是到了成熟期，越是要跑步入场，否则只能被时代抛下。

其次，自媒体几乎没有门槛，每一个人都可以进入。它不需要你有傲人的学历、专业的技术、雄厚的资金，只要你善于学习，能够掌握拍摄、剪辑、运营的技巧，那么仅仅一部手机就能开始创业之路。比如目前爆火的张同学，他的创作工具只有一部手机和一个三脚架。

自媒体展现的形式很丰富，变现渠道也十分多元化，每个人都能够在自媒体中找到自己的位置。对刚刚入局的新手来说，要想在短视频和直播中取得成绩，可以这样做：

1. 找到你独特的价值。自媒体的核心是"自己"，你的价值就是你最核心的竞争力，个性化的内容输出将无限提升你的价值。

2. 在红海中找到细分领域。不要担心市场饱和，不要惧怕红海竞争，红海代表着"测试已成功"，你要做的，是在红海市场中找到一个足够细分的领域，实现弯道超车。

3. 坚持内容为王。或许平台会衰落，但内容永远是刚需。过去，内容以文字的形式保存；现在，内容以视频的形式存在；未来，或许还会以 AI 或者其他形式展现。保持你的内容创作能力，就能一直让受众记得你，从而立于不败之地。

4. 坚持长期主义。不要急于一时的成果，内容输出和个人 IP 打造，以及实现变现，是一个持续积累的过程。布局未来，着手当下。如果不确定或者缺少自信，可以先从兼职做起。

1.1.2 为产品提供更多流量入口

注意力在哪里，用户就在哪里，机会也就在哪里。

权威报告显示，截至 2021 年 12 月，我国短视频用户规模已经高达 9.34 亿[1]，短视频使用时长已经超过即时通信，成为占据人们网络时间最长的领域，而且增长势头迅猛[2]。

同时，我们也可以看到，品牌广告在各个媒体渠道投放量的变化——在线视频广告、社交媒体、新闻资讯和搜索引擎等，投放量占比逐年递减，而在短视频平台上的广告投放量占比却迅猛增加。

所以，作为产品的经营者和品牌的推广者，应该将更多的预算和精力放在短视频平台上，用更低的成本，获取更多的精准关注。

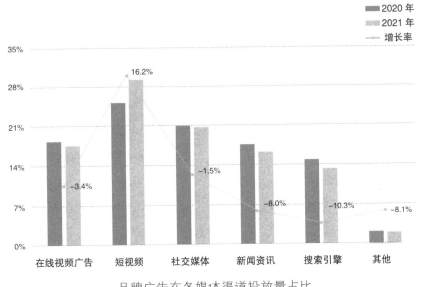

品牌广告在各媒体渠道投放量占比

在知识付费行业流传着这样一句话：所有生意都可以在互联网上再做一遍。

1 引自：第49次《中国互联网络发展状况统计报告》，中国互联网络信息中心。
2 引自：《2021中国移动互联网年度大报告》，QuestMobile。

生意的本质是价值交换，而在自媒体中，能够更快地建立信任，展现价值，缩短成交路径，尤其是短视频加上直播，可以给产品带来无限机会。

1.1.3 打造个人IP，成为超级个体

作家古典老师提出了超级个体的概念，他认为，每个超级个体都是一个网络接口，具备对事的竞争力、对人的影响力、对组织的领导力。互联网成就了一批超级个体，比如直播界的罗永浩、知识付费界的樊登，以及现在势头正盛的"内容＋带货"的"新东方"等。每个超级个体都具有强大的竞争力、影响力以及变现力，他们每个人的营收能力都不亚于一家上市公司。

作为普通人，我们也有机会通过自媒体，打造个人IP，放大影响力，成为各自领域的超级个体。

首先，超级个体需要在某个领域有一技之长，成为细分领域的头部。只有在某个领域做得足够精足够深，才能够成为一名关键意见领袖（KOL），从而受到大家的认可和跟随。在选择领域时，要尽量挖掘自身的特色，找到自己的优势。比如抖音平台身高一米九的小马，她就以不同于常人的身高特色，创作出了很多有趣的内容。

其次，超级个体需要有足够大的影响力。只有影响力足够大，才能够连接到更多的资源，获取更多的价值回报，而自媒体，就是超级个体用以获取足够影响力的超级武器。而且，打造个人IP，成为超级个体是一项复利事业。只要你持续输出价值，沉淀内容，收获粉丝，终有一日，你将从普通人跃迁到小个体，再从小个体跃迁成为超级个体。

1.1.4 自媒体是低成本低风险的创业方式

自媒体创业，需要多少成本呢？

我在过去的几年中，积累了三次将自媒体账号从0做到1的经验。第一次是在2017年，那时抖音刚刚火起来，我当时所带的团队将一位同事打造成为一

名摄影博主，从一个新号把粉丝量做到了120万。第二次是2018年底，入职小米后负责MIUI海外社交媒体账号的运营，在没有花钱推广的前提下，靠内容将账号从几万粉丝做到了百万。第三次就是我自己做账号，利用空闲时间，拿着一部手机拍视频，账号启动第一个月就实现了变现。

无论是做哪个平台，都没有花过太多钱。让我记忆犹新的是，小米在年中做团队费用核算的时候，突然发现两个账号一共只花了不到3000块钱的道具费用。两个人的小团队，没有任何推广，纯靠内容输出，就做到了百万账号，而一个百万粉丝的垂直账号，未来的变现空间是非常大的。所以，做自媒体，是项一本万利，甚至是无本万利的事业。

1.2　人人都能通过自媒体变现增收

> 无论你是自由职业者，还是品牌创始人，无论你是全职宝妈，
> 还是职场精英，无论你是有知识、有技能，还是有产品、有实体店，
> 只要你能找到方法，就一定可以在自媒体分一杯羹。
> 本章分享我几位学员的故事，希望可以给你一些启发。

1.2.1　全职宝妈的逆袭

豆豆是一位全职宝妈。在成为全职宝妈前，她是一位地产操盘手，在地产营销岗位上一做就是10年，操盘过上亿的开盘项目，策划过陈坤、李荣浩见面会等大型地产活动，年薪40万元。在当了妈妈之后，豆豆毅然选择退居二线，回归家庭，从事自由职业。

2021年，她开始启动线上副业，踩着线上教育的风口，赚到了人生的第一个一百万。就在她觉得自己到达人生巅峰的时候，遭遇了行业重创，"双减"来了，副业收益一落千丈，没了方向。

年底，她找到了我，想要通过自媒体重新开启副业之路。于是我帮她梳理了经历和资源，发现她有很多副业经历，还考了很多证，是个非常重视个人成长又很会赚钱的斜杠宝妈。所以，我将她定位在宝妈创业导师的角色上，内容围绕宝妈的成长与副业创业展开。

很快，豆豆迎来了自己的第一篇爆款内容。一篇《熬夜也要看完的 5 个 2022 跨年演讲》笔记，收获了近 5 万的点赞收藏。这篇笔记发布在元旦后，正值跨年演讲大热的阶段，笔记的内容以干货分享为主，从 23 个跨年演讲中，挑选了 5 个推荐给用户，并且还整理了这 5 期跨年演讲的文字稿。而且在笔记中，我们设置了一个钩子，如果想要文字稿，可以私信她去领取。于是，在笔记发布后短短几天的时间里，有 300 多人与她连接，进入她的私域。

于是我建议她立刻做一场直播，发售一款低价产品，将这拨流量接住。但这篇笔记爆的时候，她才正式运营账号一个月，产品还没打磨出来。她此前没有做过直播，也没有发售过课程产品，所以心里很没底气。在我的"威逼利诱"之下，她最终决定试一试。于是，我们立刻策划了一个年度社群课程——宝妈副业变现营，把她做副业和自媒体的经验梳理出来，共 10 节课，定价 499 元。

然后，她通过微信视频号做了一场 4 小时的直播挑战，结合私域运营，发售社群产品。这是她第一次直播，那场直播获得了 30 分 50 秒的平均观看时长，共 60 多人报名课程，一晚创收 3 万元。

社群课程花了一个多月的时间进行交付。在社群课程快要结束的时候，我又找到她，让她发售高价产品——万元的私教产品，给那些同样想要做自媒体副业的人一对一的指导。没想到，她又焦虑起来，还是没有底气。又在我的"威逼利诱"之下，最终顶着头皮做了第二次直播发售。这次直播，我们采用的是预售模式，一场直播下来，一共有 10 位报名私教，预售额达到 10 万 +。

此外，因为有了爆款视频和直播造势，她的影响力在圈子里也迅速提升，后续还收到了很多个人和企业的合作邀请。

其实每一个人都是一座宝藏，如果你不推自己一把，真的不知道自己有多少潜力。

1.2.2 24 岁职场新人的"新思路"

小羊是一名刚刚毕业两年的职场新人，24 岁。在找到我之前，她刚经历了一次创业失败，想借助自媒体重新创业，但自己摸索了很长时间，没有找到合适的方向，十分焦虑。

在我们一对一沟通的过程中，我了解了她的经历以及擅长的领域。她讲到了很多，比如她本科是学习小语种的，擅长阿拉伯语、日语、德语、梵语，语言学习能力很强；她很擅长开导情绪，她的朋友经常会向她倾诉情感问题；此外，她还有三次创业经历，有成功也有失败；同时，她还是一个很幽默的人。

为什么这样一个优秀的人在自媒体道路上却频频受阻呢？她忽视了最重要的一点，就是她的本职工作。

小羊在一家世界 500 强公司做新媒体运营。她曾运营大大小小近 80 个账号，不仅做过上市公司 500 强的账号，还成功打造过企业的矩阵账号。最好的一个账号光是做社群引流，在三个月的时间里就加满了 14 个群，粉丝量也从零做到了六位数。而她竟然没觉得这就是自己的优势所在。

正应了那句"医者难自医，渡人难渡己"。有的时候，我们拼了命地向外求索，却完全没有意识到自己就坐在金矿上。

了解了她的情况后，我帮她梳理了几个核心标签：1998 年、创业者、运营人。结合市场需求和她的擅长领域，最终将人设定在了运营的身份上，持续迭代的新媒体运营少女，分享短视频 IP、运营技巧以及轻创业的内容。我为她做的全新产品规划是短视频运营课程，以及一对一咨询服务。

围绕这个人设和内容定位，她开始输出运营干货，在粉丝只有 200 人左右的时候，就有了客户咨询。现在，她每个月的副业收入，已经超过主业四倍之多。

无论你从事什么行业，只要能够找准方向，将你擅长的事情与市场需求进行匹配，哪怕只有 200 个粉丝，你也能实现很好的变现。

1.2.3 品牌创始人的自媒体之路

陈老师是芳疗品牌的创始人，在做芳疗品牌前，曾做了 10 多年的小学教师。或许是因为教师出身，刚转行后的她对于产品营销和经营管理并不擅长。品牌创立后，陈老师自己开过一家线下店，不到一年的时间就关门了。

线下店停摆后，她并没有放弃，转而将店铺放到了网上，也开始用心经营私域。前两年，销售逐年翻番，但到了第三年，线上店铺越发难做，私域老客户的存量也消耗殆尽。这个时候，缺少客源成了一大难点。

因此，陈老师找到我，想通过线上获取公域的流量。

对于以产品为导向的账号来说，内容应该围绕产品展开，从而触达产品的精准用户。于是，我开始了解陈老师的产品有哪些，以及这些产品有什么功效，用户群体是哪些人。

她的产品线分为两部分，一个是护肤品的成品，一个是定制的精油产品。护肤品的竞争非常激烈，一个自创的品牌，没有知名度，很难快速建立信任，销售很有难度。所以我建议先围绕精油产品展开。

进而我又了解到，精油产品不仅适用于成人，宝宝也可以用。她还有一种非常独特的经验，她学习芳疗 8 年，从宝宝出生后，就一直用精油给宝宝进行护理，如今孩子 6 岁了，因为她给孩子用精油护理得到位，孩子的免疫力增强了，生病就少。基于这一点，我让她以此为选题做推广。那个时候正值秋冬季节，宝宝感冒发烧的情况比较多，很多宝宝的家长如果了解到这种方法，一定也是需要的。

明确内容定位后，她发布了第一篇视频笔记，笔记一经发出，评论区就"炸"了，很多人都在询问精油的使用细则和购买方法。

陈老师在找到我的时候，说今年的目标是获取新客 50 人，结果一篇内容就完成了她一年的目标。

如果你也有产品，那么一定要尽快布局自媒体，用更低的成本获取精准用户。

第二章

商业闭环：
找到适合你的变现方式

变现的核心是价值的交换。

创作者和平台是相互依存的关系，平台为创作者赋能的同时，创作者也要为平台提供相应的价值感。每一位创作者都需要了解，基于平台现有的生态：①我有哪些优势？②我的竞争力是什么？③我能够为平台提供的价值是什么？创作者还要学会从用户的立场去思考，满足用户需求，让用户获得价值感。理解了平台的生态和用户心理，才能做好变现路径设计。

变现路径设计，用哪个平台，是抖音，还是小红书，还是微信视频号，或者其他新兴平台？其实都可以，关键是如何把它变成一个好用的工具，最大、最快地实现价值呈现。有关自媒体变现，目前可以总结出 7 ~ 8 种路径，适用于大众的有 5 种，本章会一一详细说明。

2.1　广告变现

品牌推广合作，是最常见的变现路径。
大多数创作者会有刻板印象，
觉得只有那些粉丝基数很大的账号才可能有推广合作。
但其实，哪怕是只有 100 个粉丝的小账号，
都有开展合作的可能性。

2.1.1 100 个粉丝就能变现

我学员中有一位宝妈，日常喜欢拍一些 Vlog 记录自己的生活。内容主要是围绕宝妈的日常展开，如打扫卫生、照顾宝宝等日常家务之类的琐事。最初做账号的时候，她的定位并不清晰，也没有设计变现路径。但是，因为她视频拍得非常好看，所以在她粉丝刚过百的时候，就接到了几个家居用品品牌的邀请。

从广告主的立场出发，他们在寻求合作时，所权衡的重点首先是粉丝的精准垂直度，其次是内容的优质程度。这两件事情在没有较大粉丝基数的前提下，也是很容易完成的，而且两者相辅相成，垂直的定位产生垂直的用户，优质的内容维护更大黏性的粉丝。基于广告主对品牌及产品的精准用户画像，在精准触达用户之后，粉丝量才会成为他们进一步衡量的"第二梯队"标准。

广告主在做营销策划时，会采用"1+10+100"的组合，也就是"1 个超级明星制作热点，10 个 KOL 引领潮流，100 个关键意见消费者（KOC）辅助决策"。因此，无论你的粉丝量有多少，都是有机会实现变现的。

不过，对于粉丝量较少的账号来说，是不具备议价能力的。大多数合作都是以产品置换的形式，比如广告主提供相关的产品给创作者，创作者输出一期视频介绍产品。

关于合作报价，除了粉丝量之外，创作者的身份背书、账号的垂直程度、账号呈现的调性以及数据表现，都会影响到报价。

2.1.2 四个因素影响账号报价

每一个短视频平台，广告合作报价都有一个基础范围。基础报价为粉丝量的 5% ~ 10%。以小红书举例，如果一个账号有 1 万粉丝，基础报价的范围区间就是 500 ~ 1000 元。

价格区间的浮动取决于账号的品类。不同的品类需要区别对待，一般红海领域内的报价，要略低于竞争不那么激烈的领域，因为品牌方可选择的对象越多，被选择的创作者就越没有优势。常见的红海领域可参考美食、美妆这种大基数赛道，此类赛道的创作者在报价上就不具有较大的溢价空间；反之，像垂直度比较高，或者说品类创作者人数较少，基础报价就可以浮动到粉丝量的 10%。

理解了基础报价公式，那么我们该如何获得更高的报价，为自己争取更多的溢价空间呢？

身份背书

以我自身为例，我有央视导演的身份背书，也有比较出圈的作品，所以相对于其他摄影博主来说，我的经验和知名度就为我提供了更多的溢价空间。所以我就能够在基础报价上增加 10% 的溢价空间。比如有 1 万粉丝，我可以报到 1100 元的价格，这是我的个人属性为我带来的。

账号整体垂直度

当广告主在寻求创作者时，会综合考虑账号内容的垂直度。一个账号的内容越垂直，那么它的粉丝也越精准，是某个品类的关注者、爱好者，甚至是发烧友。对于广告主来说，这批用户越精准，触达和转化的效果也会更好。所以，在做账号定位的时候，尽量聚焦在某个垂直细分领域。

调性

调性分两个方面，一个是内容调性，一个是人设调性。

Vlog 是品牌广告的主战场。即便是相同粉丝量的博主，其报价甚至可以相差 1~2 倍。比如小红书博主自顾自少女的报价就会略高一筹，这是为什么呢？首先在内容呈现上，账号整体的画面质感非常好，风格统一，即所谓调性比较高。基于这样的内容，在报价方面就会有更多的议价权，同时对比其他账号，她的制作成本投入相对更高（包括但不限于显性的金钱投入，以及时间、审美等多方面的隐性投入），收费也可以相应提高。

除了内容调性之外，也要思考人设的调性。人设的调性是什么呢？就是你想要呈现给目标观众的样子。比如说想呈现为多金、高知人群，整体展现出来的调性就要有高端用户会注意到的点。当账号的粉丝画像与账号所呈现的调性相符时，品牌方就会通过权衡，认可这是一个更有价值的合作对象。

所以，如果账号最初设定的调性起点较高，并且在统一的人设基础上合理放大内容的多元性，后期也可以争取到更大空间的议价权。比如知识博主 Jenny，虽然账号内容的分享呈现多元的态势，但综合呈现出来的仍旧是高学历、良好的家庭条件等设定，溢价的空间仍会浮动上涨。

账号的人设决定了账号的受众，所谓"物以类聚，人以群分"，所呈现的调性越高，其用户的价值就越高，对于品牌来说也更有益，所以愿意给到你更多的溢价空间。

数据

最后一个考量维度是数据。刚开始粉丝量不到 1 万的时候，曾有品牌方找我接商单，我提供了一个相对来说比较高的报价。对方当时反馈的是，报价相对较高，潜台词即不接受。然后我就将账号的近期数据截图提供给了对方，用数据表明粉丝互动情况的优越性，以及相比于同等量级账号的垂直度更加精准。在数据的反馈下，最终达成了合作。每一位创作者，都要掌握商务谈判的基础本领，学会整理账号的数据，为溢价谈判提供更多的支撑，未雨绸缪。

数据除了点赞、收藏、评论、互动这些常规数据之外，还有一个重要数据——阅读互动数和粉丝数之间的比例（CPE）。任意一个账号都可以看到获赞与收藏的数据情况，即阅读互动数，用这个数据除以粉丝数，就能得出 CPE。

一般情况下 CPE 越低越好，意思就是，如果有 10 个人与你产生互动，但只有一个人成为你的粉丝，那么侧面证明了内容质量不够好，粉丝的黏性不高。比如，我的账号 CPE 数值为 2，意味着每两个人与我产生互动，就有一个人关注我。首先表示我的内容制作能力很强，用户看完就会关注我。其次，说明了我的粉丝黏性很高，用户是比较接受我的内容输出的。总体来说，CPE 数字控制在 10 以内是最好的。如果说品牌合作时，这个数字超过 20，品牌方可能就会认为账号的垂直度不够精准，粉丝黏性也不高，合作的可能性就会大大降低。

综合以上的信息，创作者在做内容的时候，一定要结合商业合作能力进行思考。如果想提升账号的商业合作能力，除了在内容上要下功夫，更要做好数据的维护及粉丝的画像调整。

2.1.3 内容创作要以质取胜

内容创作，无论在何种情况下都要先保证质，再保证量。只有账号内容的质量高，按照平台优胜劣汰的算法机制，才能获得更多曝光的可能性。

以质取胜，归根结底是要提高数据的综合维度。数据提高后，我们可以权衡账号的商业报价能力，进行专项数据调整，获得更大的溢价空间，这些都是需要进行持续策划与思考的。我们要找到账号数据的中位值和品牌方的期待值，有方向地去做内容，比一味追求爆款要更容易获得效果。

因为做爆款有很多新手无法确定的因素，在前期摸索规律的时候，可能很难做到持续打造爆款。有可能很长一段时间，新手都是做不出爆款的。不要存在赌徒心理，寄希望于做出一个现象级的爆款，这是很难做到的。

我们唯一可以把握的就是持续输出中等以上的内容，保证内容相对优质，才能更长远地发展，保证粉丝持续增长，从而提升账号的整体活跃度，提供稳定的数据来源。

稳定的数据对新手来说是输出环节的重要内容，比如说每周发一条视频，这一条一定是精心策划的。如果在能够保证视频质量的情况下，再提高发布的数量，逐步提升达到一周两条，这个循序渐进的过程将会让你快速见到效果。

如果在发布后出现数据很差的情况，那条视频建议隐藏，不要被别人看到。因为数据质量的参差不齐，也会压缩后续报价的商议空间。包括如果用户看了你的某一篇内容进入你的主页之后，才发现数据都不怎么好，其实也会增加用户的顾虑与心理卡点，在决定是否选择关注的那一瞬间，就会产生犹豫。

所以要时常关注主页呈现的数据，及时对不适合对外展示数据的作品进行隐藏。请注意，隐藏即可，没必要删掉，如果删掉数据就没了，隐藏起来数据还是计算在账号的整体情况里的。

2.1.4 给品牌方一个选择你的理由

想要顺利开展广告合作业务，需要创作者去思考"为什么品牌要来找你"，也就是从自己的角度给品牌方一个理由。

我曾接过一个国民认可度较高的厨卫品牌商务合作。合作之初，考虑到我的视频品类与家电厨卫不太相关，所以并不知道为什么对方会来找我。沟通后，对方反馈想要做一个偏品宣类的内容，希望寻找一批人去讲一个观点，有好几个主题需要分发。

由于前期我在人设上进行了周密的策划，恰好我的人设与他们"平衡事业和家庭"的主题相吻合，我顺利拿下了这个合作。内容发布后一周，我一直都有收到各种家电方向品类的合作邀请，包括冰箱、电视、床垫等。

所以，其实想要接什么样的推广，也是有很大的主动权掌握在创作者手中的，可以通过反向输出内容去吸引相关的广告方。

还有一种方法，在作品中提供产品的窗口。

比如说，你想接咖啡品类的广告，作品内容就多覆盖一些咖啡的元素进去；你想接汽车品类的合作，日常产出的内容，就在画面里多呈现汽车品类的相关元素。本质上，是要让品牌方看到，你的账号可以提供这一方面的价值展现，对方才会主动出击去链接你。

否则，在平台成千上万博主的存量下，品牌方是很难想到要来找你的。所以在构思日常内容呈现的时候，你需要主动出击，提供给品牌方一个切入点。

这就是在内容创作的过程中"埋钩子"，当你想去达成一些合作的时候，需要同步释放信号，让合作对象感知到，你所输出的内容是可以与哪些品类进行合作的，这一点非常关键。

所以，你以为是品牌方选择了你，但其实也是你在有意识或无意识地选择品牌方。

2.2　视频带货

本质上，合作推广相对来说还是一个比较被动的变现方式。大多数情况下，都是品牌方主动寻找创作者，创作者不太有机会去逆向触达品牌，因此这个收入是不可预期的。除非前面讲到的垂直粉丝足够有黏性，或者粉丝量足够可观，才有更多的主动权与议价权。

在这样的情况下，视频带货则是一个更好的选择。单篇视频笔记的曝光是不受限于粉丝基数的，只要把内容做好，就会有很好的曝光度，甚至曝光度超越一般腰部达人（粉丝量在 20 万 ~30 万之间的博主）。内容为王的时代，这是一个更为公平的竞争方式，更多的主动权会掌握在创作者手里。

视频带货的门槛其实低到超出一般人的想象，
低到即使账号没有非常高的粉丝量，也可以入局去做，
并且会取得还算不错的成绩。在抖音上，
有大量的账号是专业做带货的。带货的账号相比于 IP 类账号，
其实不需要太高的粉丝黏性。因为用户选择的更多是性价比，
或者是产品与实际需求相匹配，不存在太大的"人带货"成分。

2.2.1 没有粉丝与产品也能变现

不同于传统的带货方式，随着近些年商业化发展，短视频平台已经为入局者搭建了一套完整的供应链体系和配套服务机制。创作者只需要进行前期基础创作，水到渠成地进行商品展示，即可达到传统电商过去五年间沉淀的结果，而且过程中不需要投入太多成本，没有囤货风险就能拿到佣金。

同时，平台的算法逻辑决定了视频可以反复播放和传播，只要视频一直在，一直被消费者看到，你就有可能持续达成销售。

如果创作者对于自身出镜或者语言表达有心理卡点，视频带货没有强制露脸要求，对大多数初学者来说是很好的选择。当然，视频带货也是有方法、技巧的。

重中之重就是选品。选品非常重要，一定要和账号的人设定位以及内容大致匹配。我曾在抖音上做过一期带货视频，产品是一本有关拍摄的书籍，出版方主动联系我，并给了我他们产品的抖音链接。当时，我的抖音账号其实没怎么下功夫运营，原有的 2 万多粉丝也都是从剪映平台导过去的。我在剪映上有

公开课，大家看了我的公开课，发现我的主页有抖音的链接就自动转化过去了，可能只是去点个赞。也就是说在抖音平台上，我并没有很好的粉丝黏性基础。但没想到图书带货的视频录制完成并上传后，一周就销售了近百单，可见这件事情并不需要很好的粉丝基础。

2.2.2 三大核心要点让产品卖爆

选品和人设的匹配度

为什么出版社会找到我？为什么我发完之后会有人购买？因为这个产品和账号的内容以及与账号人设的匹配度较高。

我的人设是一名导演，视频内容以拍摄剪辑教学为主。基于这样的账号基础，推荐一本有关拍摄剪辑的书，是非常符合这个账号的变现调性及用户基础的。但如果我去推荐服饰美妆等其他品类的产品，就会产生一种驴唇不对马嘴的违和感。

因此，基于账号的人设、定位等进行选品，原来积累的用户就会顺其自然地产生购买需求。尤其是价格区间与用户画像相匹配时，用户思考的链路就会大大缩短，大大降低了思考成本，从而产生下单行为。

所以在做视频带货的时候，选品和人设的匹配度是非常重要的。

场景展示

完成选品环节后，接下来需要思考的就是如何更好地将产品展示出来。展示环节需要突出产品的使用场景和商品属性。一个产品的价值，并不等于其本身固有价值，更多取决于使用场景下产生的价值。

作为创作者，我们需要告诉大家，在什么样的场景下可以使用这个产品，如何使用，以及使用后会带来怎样的效果。这是视频带货内容设计上的关键。

例如一个情感博主，接到一个防晒霜的广告邀约，她就可以设置这样一个场景：和男友去海边度假，却爆发了争吵。争吵的原因很简单，因为暴晒使得女孩的皮肤脱皮、变黑，不漂亮了，她从男友的眼里看到了嫌弃，两人就此分手。当她和新男友又一次来到海滩时，新男友不等她说出来，已经从包里拿出

一只 ×× 防晒霜。就此引出账号本身的情感观点——宠爱你的男人，不会因为你的小瑕疵而减弱对你的爱；真正宠爱你的男人，已经帮你准备好了一切。

搭建爆款思维

对带货视频来说，爆款逻辑与前面提到的持续做内容的逻辑不太一样。因为产品的销量并不取决于博主的粉丝量，只要这一篇内容够火，能够给足够多的人看到就可以实现大量成交。

我们来思考一个转化率的问题，某产品的视频播放量是 1 万，成交量是 100，成交比是 1%，相对偏低。如果想要实现 1000 单的销量，达到 10% 的成交比，按比例递增，播放量需要达到 10 万。也就是说，销量的核心是播放量。所以这里的爆款，指的是做高视频播放量。

视频带货具体怎么做？以小红书为例：小红书平台搭建了一个选品中心，大家可以在选品中心寻找商业合作。进入选品中心，其中各个品类的产品应有尽有，每个产品都有对应的佣金说明。选择合适的产品，拍摄相应的内容，在发布视频的同时，挂上产品链接。

需要注意的是，带货视频比较考验创作能力。该怎样把产品融入内容，又不让受众产生厌烦情绪呢？这是个难点，需要创作者的持续思考，努力做到。

2.3　直播带货

直播带货的神话已经有很多了。
直播带货在形式上最大程度减小了线上销售与消费者之间的时空差，
还原了线下门店的面对面销售模式。
相比其他变现路径，直播带货有一定难度，
但难度与收益成正比，非常值得尝试。
这不仅是专业人士的狂欢，普通人通过刻意运营，
一样能参与到其中分一杯羹。

直播带货的好处，也是不需要太多的成本。基于平台去选品，完成销售的环节后，就会有相应的发货流程，创作者不需要去担心后续的事情。而且直播成交的转化率，相比于短视频也会更高。

2.3.1 实体转型线上的最佳变现方式

近两年来，线下实体门店的销售额相比从前大多不是很理想，很多的企业主对于线上的认知可能还没有发展到一个完备的形态。直播带货其实是最适合线下实体转型的变现方式，因为直播带货其实是在线上脱离了时空的局限，与线下门店的成交逻辑相类似。

因此线下门店实体只需要根据线上成交的逻辑稍微进行调整，就可以与线上销售相融合。

与线下相似，线上销售也需要从消费者的角度出发，如果消费者对这个产品有一些疑义，比如对价格有些疑义，没有人会去跟单，转化率就不会很高。

但是直播成交的套路和方法就与线下相通，销售人员在线下的话术和成交手法，只需要平移，就会让消费者在线上也产生"此刻不买肯定会后悔，此刻不买就会吃大亏"的想法。

所以在直播成交的过程中，转化率会更高。

除了实体店之外，一般的个人创作者也可以考虑直播带货。和短视频带货逻辑相同的地方是，如果你做直播的话，也会收到产品的佣金和服务费。

佣金指这个产品销售的佣金，服务费则是说，如果有品牌找到你让你带货，你有提升报价的空间。根据账号自身的影响力，一个产品可以收1000元左右（仅为一般带货主播参考价格，KOL或大粉丝基数主播另算）的服务费，或者专门做某个品牌的一场直播，一场直播3万元，这都是可以的。

但是从另外一个角度出发，直播带货相对来说难度更大。它要求你有粉丝基础，没有粉丝基础，信任感没有办法获得，大家不能迅速信任你，就无法实现产品的购买。所以，如果创作者想要在直播带货方面大展拳脚，也是需要团队配合的。

那你知道一场直播需要多少人吗？

2.3.2 直播带货的最小团队配置

一个相对专业的直播间，一般需要至少5个人的团队。

第一，我们需要一个主播，也就是卖东西的那个人。这个人应该对所销售产品的相应参数、知识等有一些了解，以便于加深受众信任。

第二，还需要一个助播。因为直播成交很讲究能量场，如果今天整个直播间呈现的状态气场非常强，能量非常强的时候，成交的概率就会非常高。一个人是很难在没有人配合的情况下，把直播间整体气场拉起来的，这就需要一个助播配合，两个人一起实现直播间气场的打造。助播也会提供一些帮助。

第三，需要负责运营的人员。在直播的过程中，哪个产品需要上架，哪个产品需要加货，全部的流程都需要有一个人去配合。

第四，需要一个投手。直播是数据的游戏，要遵守游戏规则。比如，直播间到达了第一个流量池，将要到第二个流量池的时候，可能这个时间段没有更多的人群了，那么这个流量池可能就无法顺利晋级。这时候就需要投手投放这个直播间，通过付费的形式带来更多的观看量，再将这个直播间推到更大的流量池。

所以一般情况下，个人去做直播数据很难有突破的原因就是这个。尤其是粉丝基础不高的时候，又不懂得运营规则，也没有人去配合付费将直播间往更大的流量池去推，大概率整体的情况会很差。

除此之外，如果条件允许，还可以配备一个人负责整体操盘，把控各个环节确保顺利进行。总结下来就是，一个完整的直播间配备需要至少5个人。

比如我在微信视频号曾做过一次12小时直播，我的直播间内人员配备是3个人。但在直播间背后，差不多还有20个人在支持整场直播。即便是这样，大家看上去我也只是简单聊聊天。

所以，我们在做直播的时候，要有一个导向流程（SOP）。

在微信视频号直播的时候，首先要建群，要考虑你建多少人的群，怎么保证入群的人数，怎么去进行裂变。然后需要补充直播时候的注意事项、流程、物料、小商店及发售稿。直播之后，并不代表一切结束了，还需要调动社群，尤其是在直播间当天没有成交的人，在社群还可以再去调动以求成交等。后续，你的朋友圈还需要继续宣传，所以我的整个直播发售的效果非常好。

但是它对个人和团队的能力是要求比较高的。

我那次直播的支持团队大约有 20 个人，是我从学员里面找了一堆"搞事情"的人，他们负责帮我进行氛围带动，然后去引流，让社群有一个人数保证。

在直播当天，直播间的评论留言、刷赞的人数都是足够的，这样整个场就是热的。然后我的现场有一个人助播，远程还有一个人负责运营。直播当天把我所有的直播要点发到我的朋友圈、社群，让大家及时跟进。现场的人员就帮我做配合，帮我去做直播的抽奖、嘉宾介绍等。

所以直播这件事情个人可以做吗？可以做，但会比较复杂，需要一些人员的帮忙，这样做出的带货成绩还是很不错的。在这里还需要一点，就是演讲能力。你要很会表达，要知道成交的方法和秘诀。我自己之前并不是一个能说会道的人，但是我发现只要持续练习，并配合一些销售套路，这个能力也可以培养起来。

2.4　知识服务

前面讲了在平台上如何进行广告合作、视频带货及直播带货，其实我们还可以做付费课程。基本上每一个平台都会有支持小博主去建课的扶持，如果你可以在平台内建课，流量就可以直接转化，而且转化率更高。

因为流量漏斗的规则是，你每引导用户经过一环，让大家多做一个步骤，用户就变少一批，到最后进社群、看直播，并完成最终的付款，每一个环节都至少要流失 50% 的人，所以转化率会比较低。

但是如果在平台内开课，用户看到你的内容很喜欢，进了主页就可以直接看到课程，如果有需要就会即时购买。因为链路短，转化率很高，平台抽成也高。

比如小红书平台，一万粉就可以去申请做课程。最终课程销售的收益，是要扣掉手续费、扣掉平台抽成、扣掉税的。所以比起自己在私域做课程，它的收入相对来说要少一些。而且在平台做这件事情，最终流量还是回归平台的，你没有办法去沉淀到自己的私域里面进行多次的转化。

那知识付费要不要做，值不值得做呢？
是非常值得做的，且非常适合低客单价的引流产品。
接下来给大家讲一讲什么样的人可以去做
这个小的课程来进行知识付费变现。

2.4.1　人人都能成为知识服务商

大家不要以为一定要有非常专业的背景，或者有某个行业多年的工作经验才可以去做这件事情，其实不然。

以平台上形形色色的课程为例：《情感社交，你为什么不会好好谈恋爱》《时尚美妆零基础，新手一次就学会美甲止脱延长》《清华大学老师，让孩子爱学，会学，坚持学》《零基础插画8节课，从临摹到自由创作》《四六级七日通关》《养成数字习惯和思维》等。只有你想不到，没有你搜索不到的课程。

看完这些内容之后，相信你会发现，但凡你会一点事情，在处理某一件小事上有自己的经验方法，能够帮大家节省时间，给大家提供一些建议，你就可以做一个课程。

回归本质，课程是适合所有人去做的。比如我曾看过平台上的一位小博主，"抗糖教主"是她的标签，她的课程是教大家如何开启人生最后一次减肥，通过课程名称，可以解读出是与有效减脂相关的内容。课程价格非常便宜，一节课40元，一共卖了285份，变现将近12000元。

如果你也有减脂的需求，看了课程的内容之后，如果获得到了一个非常系统的方法，花 40 块钱，你是不是也愿意学？毕竟我们付出的并不多。所以有285 人买了 40 块钱的课，如果跟随课程切实取得了一些成果，那么后面还有 21天训练营，那大概率也会去付费去购买。

所以无论你做什么，是教大家怎么减肥瘦身，还是教大家怎么科学跑步，或者是提供穿搭方法，乃至你很会吃，教大家怎么去品尝美食，只要有一个合理的立足点，就可以把它做成课程，将经验分享给他人。

2.4.2 如何梳理你的知识体系

这里仍然涉及定位的问题。以前的传统观念认为，一个人最后能够收获多少成就，与这个人的综合能力有很大关系；但是做自媒体其实完全不是这个套路。

做自媒体不参考木桶效应，反而要看你的长板有多长。

只要在一个非常细分的领域，权衡下来发现你有足够长的长板，在这个长板上比别人更有建树、更有成绩，哪怕这个领域非常小，但因为是你的长板，也能够产生更多变现的可能性。

所以在梳理的时候，需要怎么做呢？

基于长板，找到独特的优势，让优势变成你的标签，然后基于这个标签继续深挖。这是做自媒体非常重要的一点，我们通过长板被别人看见，然后通过长板的能力去完成自己变现的闭环。

每个人都有机会，在线上，你就是一座宝藏。很多时候我们容易焦虑着急，看到别人做这个事情赚钱了，就会考虑要不要去做一下，又或者看到别人投资了一个什么项目赚钱了，就赶紧去跟风。在自己没有想清楚之前，不要跑步入场。先想好自己能做什么，以及怎么去把价值放到最大。这个时候就会有方向，有目标，继而稳稳地入场，每一步都走扎实，你会更迅速地拿到结果。

以上就是在公域通过内容进行变现的四个环节。

2.5 打造流量变现的闭环

除去以上四种在公域平台通过输出相应内容来实现变现的路径，也有一些创作者反馈，自己并无实体产品输出，在平台上也很难像传统博主那样去展现。基于这一情况，在公域平台上会匹配另外一个动作，叫作引流转化，即将创作者在平台上所触达的用户添加到微信里进行更深度的变现转化。因为把公域的用户拉到私域里（也就是微信里），能更加便利地与用户进行一对一沟通。在私域内，可提供变现的路径又会出现两个方向的参考，一个是产品，一个是服务。

如果刚开始没有产品，可以围绕某一定位和用户需求设计一个合适的产品。比如做烘焙可以开发一个家庭基础烘焙课程，再比如做时尚穿搭可以做一个形象搭配设计的咨询服务，以及做品牌咨询可以建立一个女性商业社群等。有了产品后，会让变现路径变得相对顺畅和简单。

除此之外，根据技能所产生的相关服务性产品，也是私域内很好的变现路径。如果你拥有某项略胜于一般人的技能，就可以做课程，因为信息差就是价值；如果你有某领域的专业技能，是专家型的人才，就可以做更高价值定位的产品，即咨询服务；如果你没有课程，也没有做咨询的实力，你还可以做服务导向的产品，提供具体服务。服务导向的产品参考"28 天减脂营""100 天早起打卡训练营"，此类产品不侧重考验直观价值输出，更多是持续的能量和价值输出。常见形式是，在私域内以短周期社群服务为主，当然也可以增加一些线下的服务以增值。

我们接下来讲讲，
如何通过流量曝光进行深层次变现，
来形成你的商业闭环。

2.5.1 放大影响力是一项复利投资

第一个就是产品销售。举两个例子，都是来自学员的真实案例。

第一位学员有一家淘宝店铺，她开始做内容的时候是跟我学习 Vlog 的，但却很困惑，不知道应该做什么。于是我给了她一个建议，因为她每天的日常就是做手工产品，我提议她可以把每天制作手工品的过程用 Vlog 的形式记录下来，然后她就去做了这件事情，现在公域平台的粉丝有 1 万多，输出频率是每周一期，此外还一直持续有不错的数据进行转化。

因为账号整体呈现的内容就是她的产品，观众就会自然而然地接受这个产品的存在，继而产生购买欲望，这样她就很自然地将公域平台的精准用户转移到第三方平台进行交易，只要持续曝光，就会持续成交，转化率与曝光量成正比，呈现增长趋势。

所以，如果你有一个产品，无论这个产品是在哪一个平台进行销售，甚至是线下的服务类产品或实体产品，都可以先通过自媒体去放大个人或是产品的影响力，被更多的陌生人看到后，再将流量导入到你的产品上。

还有另外一位学员，她的操作更加具有剖析意义。

她生活在四川的上里古镇，古镇是当地著名的旅游景点，她家在古镇经营一家酒店。值得一提的是，她是当地五大家族之一某个家族的长女，一直有着很强的使命感。她认为宣扬家乡文化这件事情是当下必须要做的，同时还能带动家族的产业发展。

从最初她就锁定了美食品类的赛道，但是除此之外也不清楚具体要做什么。联系到我以后，我们重新梳理了内容逻辑。她有一家自己的餐厅，经常会做腊肠、腊肉等传统特色美食，还做一些非常有特色的小菜零食。

于是我建议，将这些有差异化、有特色的东西作为产品进行打磨，将制作的过程记录下来，将日常做饭展示作为内容的主要呈现方式。同时因为她是家族的长女，家族的生活形式，与现在绝大多数人的生活状态存在差异，可以考虑将家族的温馨感通过视频的方式呈现出来。

内容里还有一个亮点，是将她和家人制作美食的过程配上她的方言去讲解，这能够激发一部分观众的乡情，后续这一设定也确实收获了很多四川的粉丝。当她的粉丝积累到一定量级后，她开始在朋友圈去卖这些干货，包括小菜、咸菜、腊肉，销量都非常喜人，甚至在我找她买的时候，她都跟我说："老师，就剩最后三袋了。"

尽管她一开始没有规划产品，但当她做内容产生了足够的影响力，吸引来各种粉丝，慢慢地就会发现这些粉丝的关注点，并且经过筛选找到了统一的特征——群体整体以四川人为主，他们又非常关注美食类，于是决定提供家乡的特色美食给这一部分精准受众人群，这样的转化是非常顺理成章的。

回顾之前与大家介绍的内容，当我们想要实现变现的时候，要先想好变现路径或者是可变现的产品，其次去思考产品的受众，也就是消费者模型，再围绕这部分精准群体去输出内容，这样吸引来的用户就会直接对接到产品上，变现的路径就会加速完成。

2.5.2 人人都可以布局的私域资产

做产品

把平台当成工具进行合理利用，放大自身的影响力。

如果你有现成的产品，那毫无疑问是可以根据非常精准的产品定位，面向目标用户进行内容输出。如果你现在没有产品，那可以思考一下整体的资源优势，或者是整合一些人脉上的关系，再由资源上的优势去倒推产品，这样也可以快速实现变现的目的。

知识付费

没有实体产品的创作者，还可以做什么呢？毫无疑问，就是将我们的知识变现。

如果你有技能，就可以做课程，在平台上做整体布局，在私域内也可以用低价课程来承接转化。只要用户进入到任何一个变现环节，你就会有机会在产品里渗透其余相关联的产品。

比如发布这样的推送内容："我还有一个高阶的训练营，某时间开班，你们感兴趣可以来联系我。"通过类似这样的方式将微信推给用户，将公域的用户导入到私域，再于私域内进行下一步承接。之后针对私域低价的课程，可以再承接一个训练营，2000~3000元不等，甚至可以直接抛出一对一的高价产品，如1万~2万元的私教产品之类的，都是可以的。

社群服务

如果课程和咨询两者都不能做，该怎么办呢？你觉得自己在内容知识输出上缺乏一些体系，那就可以选择做社群。

社群是提供服务的。什么情况下你可以做社群产品？

第一种情况，产品要具备高复购率和高性价比。凯文·凯利的《技术元素》书中有个一千粉丝理论，意思是哪怕你只有一千个铁杆粉丝，如果你好好地服务了这一千个人，也可以实现理想的收入。核心就在于复购率。

比如，我的学员做家乡特色美食的复购率很高，如果她做社群，客单价不高，大家也会愿意去购买，满意还会再买。你的复购率越高，整体的销量就越高。

第二种情况，设计一个高阶产品，也就是高客单价产品。这种产品很难在较短的时间内成交，所以需要在前期设计一个铺垫，即提供一个合理的途径（也就是社群），让大家去更了解、信任你，在社群里释放更多的魅力，更好地呈现更大的价值，促进进一步信任，诱导、激发用户更多的需求，才能够有机会实现转化。我的一位朋友，她有一个社群，社群中一共有60多人。在她的持续交付下，这60人中有20人都报名了她39800元的年度私教，转化率高达33%。

如果你目前没有太多能力去做课程与咨询，也可以做将社群打造成产品，那这种社群能有什么作用呢？

陪伴，社群的价值即是陪伴。

比如说前面提到的"妈妈成长营""瘦身减肥打卡营"，类似于这种可以督促用户学习、成长的社群也是非常有价值的。

我的一位学员之前是在平台上运营教培项目的，非常厉害，做到某个平台的合伙人，后来由于一些不可抗的原因，难以继续发展下去，那怎么办呢？

做社群，因为她有相关的经验，也有带团队的经验。她自己从一个普通的上班族开始创业，最终实现年入百万，本身就是一个很好的案例。但她反馈自己不会讲课。我说没关系，你能够提供给精准的群体一个精准的陪伴价值就够了。

大多数情况下，宝妈是一群非常容易焦虑的人。将宝妈们聚集在一起，实时为她们提供精神上的指引以及一些切实有效可以促进成长的方法，甚至是一些容易去实现的副业机会，对于宝妈这个群体来说就弥足珍贵了。

如果你想去做一个类似的成长营、陪伴营，就要去做社群提供服务，从而转化社群用户，使其购买高客单价的产品，这就需要你坚持在社群里提供有价值的服务。

在我上一次的发售报名的名单里，有 60% 都是基于我以前的社群，因为对方通过低价产品认识了我，了解了我，看到了我提供服务的用心程度，也看到了陪伴过程里我们共同的成长，所以推出产品后，基于对我的信任，这个群体就会很容易被转化。

但我不建议大家去做免费社群。不赚钱，你就不会有持续性的动力去持续提供服务，同时用户端不付出，也不会有珍惜的情绪。所以要做付费社群，哪怕这个社群的定价只有 9 元、99 元、199 元都没有关系。

用一个低价位的成长营，去给用户提供一些简单的服务，过程里还可以联系更多的人群，产生持续的产品变现，这本身就是一件一本万利的事情。

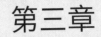

第三章

梳理定位：
让账号具有变现基因

想让短视频账号具有变现基因，就要了解账号变现的底层逻辑。一家线下门店的营收，等于进店的顾客量乘顾客平均消费金额。线上账号也是如此，它的变现能力与账号的粉丝体量以及粉丝的平均价值均成正比，即变现能力等于粉丝量乘单个粉丝价值。经营账号，获取流量和提高流量的质量是核心，而且二者具有强关联性。如何获得优质的流量，这与账号的整体定位有关。定位足够精准，流量才能精准，精准流量的单个粉丝价值会更高。所以，账号变现要从定位讲起。

3.1　账号的商业闭环

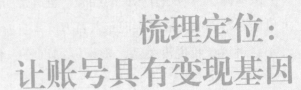

把账号当作一个创业项目来做，
在启动账号前就想好它的商业闭环是什么。
有了准确的方向，所有的努力才是有意义的。
如果一开始找错了方向，那你越努力，离目标就越远。

3.1.1 精准定位才能精准变现

粉丝量是越多越好吗？不尽然。不少拥有几十万、上百万粉丝的账号，变现之路走得非常艰难。

你是否记得风靡一时的蹦迪带货？美少女嗨购go这个账号2020年5月在抖音平台启动，凭借少女们的高颜值和热闹的氛围，红极一时。直播间高峰时期同时在线5万人，一个月的直播带货流水1000多万。但是这个团队，在2021年4月，账号运营不到一年时，就宣布解散了。

为什么粉丝量如此之高，带货成绩也很亮眼的团队说解散就解散呢？最核心的原因是账号的营收能力不足以支撑团队的运营。在蹦迪带货这种形式刚刚出现时，大家都会觉得新鲜，来直播间凑凑热闹。但时间久了，热度过去了，新鲜感褪去后，直播间的人气便出现了直线下滑。

卡思数据平台显示，该账号的粉丝构成中，70%是男性，30%是女性。在互联网上，男性用户的消费意愿本来就不高，而且直播间销售的产品还是以日常生活用品为主，这些产品的购买主力军是女性。所以产品销量越来越低，直到后来每天直播流水不足1万，最终解散收场。所以，当粉丝不够精准，与产品无法匹配的时候，这些粉丝就是无效粉丝，"食之无味，弃之可惜"。

这里涉及一组概念，即泛流量和精准流量。泛流量，是指兴趣范围广泛的一批流量，对于你的内容和产品，不一定感兴趣，转化率较低。精准流量，是那些对你的内容和产品感兴趣的人，并且他们有意愿为你付费。流量越精准，兴趣领域越垂直，粉丝的价值就越高。品牌在找达人进行合作时，通常会把粉丝的精准度作为选人和报价的重要参考。

收获精准粉丝来源于对账号的梳理与规划。在每一个能变现的账号背后，都存在着深刻的思考和设计，短视频是一套非常严谨的系统。

很多小白，最开始只会关注内容制作这一个层面。比如，有的人向我咨询使用什么牌子的相机，使用什么补光设备等，这还停留在内容制作这个环节，只看到了冰山上的一角。在冰山下，还有许多对账号商业闭环的规划，对人设定位的设计，对产品定位、粉丝定位和内容定位的梳理。

下面，用一个模型来梳理商业闭环。

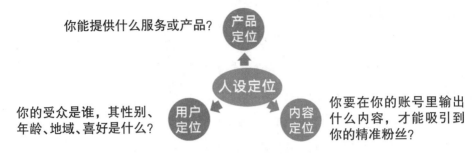

你能提供什么服务或产品？

你的受众是谁，其性别、年龄、地域、喜好是什么？

你要在你的账号里输出什么内容，才能吸引到你的精准粉丝？

人设定位模型

定位模型包含四个板块，有三个重点和一个核心。产品定位、用户定位和内容定位是重点，账号的人设定位是核心。

从 2016 年兴起到现在，人们对做短视频的理解经历了几个阶段。

在 1.0 阶段，大家认为找一个方向，把视频拍起来，账号就能做成。在短视频刚刚兴起的两三年里或许是可行的。2018 年，我所在的团队只用了短短几个月时间，就做起来了一个百万粉丝账号。那个时候，各个平台都缺创作者，缺优质的视频内容，起号相对容易。但在当下，短视频竞争已经进入红海，只做好内容定位是远远不够的。

到了 2.0 的阶段，大家开始探索变现方式时，发现目前的粉丝不够聚焦、不够精准，找不到清晰的变现模式。但账号已经做起来了，再重新进行人设定位和内容定位，要经历"洗粉"的痛苦转型。

所以在今天的 3.0 阶段，短视频在起号时就要把商业闭环设计好。具体步骤是首先选择一个赛道，想好要做什么品类，然后思考这个账号能够通过什么方式变现，再根据产品和变现方式，去反推用户是谁，也就是粉丝是谁，继而根据用户的需求策划内容。这样才能做出一个有变现基因、以变现为导向的账号。

3.1.2 案例拆解：导演姐姐马成美

我自己的账号导演姐姐马成美，启动第一个月就实现了变现，现在全网 20 万粉丝，每个月变现维持在六位数。在同等粉丝量的账号里面，变现情况还算不错。

我策划账号的时候，是如何做商业思考的呢？

选择赛道

每一个人都是多元的，擅长的、喜欢的、想做的内容可能非常多，但在做账号定位时，需要去找到一个最适合自己的赛道，并且这个赛道与市场需求匹配，也可以说是在兴趣和市场之间找到平衡点。我最终选择的是摄影这个赛道。我在这个领域有多年的经验，而且随着自媒体的发展，摄影学习的需求也非常大。就像在淘金热时期，人人都需要耐磨的衣服，因此以牛仔裤起家的李维斯就做起来了。

规划产品

基于对摄影品类账号的分析，我发现这类型账号的主流变现方式有两种：品牌合作及知识付费。因此，我也明确了账号的变现方式有两种：一个是与摄影器材等品牌合作，进行内容推广或者视频带货；另一个就是推出摄影课程。

分析用户

摄影课程大致分为两类：一类是针对零基础的小白，学习简单视频的拍摄与制作，这类课程属于基础课，收费相对较低；还有一类是针对已经有一些摄影基础，想要进阶学习宣传片或者是纪录片拍摄的从业者，这类进阶课程，可以收费相对高一些。但是考虑到进阶课程，虽然可以收高价，但是受众群体少。而初阶课程，受众范围广，课程开发维护的边际成本低。对于当时的我来说，没有团队，自己一个人来做，初阶课程是更为适合的。初阶的入门课程，都有谁会来学习呢？比如想要进军自媒体行业的新人，做图文想转型短视频的人，对摄影和短视频感兴趣的爱好者等。

规划内容

明确了产品，即短视频入门课程，也明确了目标用户是零基础小白。那么接下来的内容策划就很容易了。针对零基础小白提供拍摄教程，比如如何用手机拍摄电影感画面、如何在家拍摄 Vlog、如何拍摄美食视频等。

梳理人设定位

人设定位，在整个策划流程中都需要考虑到。人设、产品、用户、内容，是相互依存的关系。在人设定位这一步，我们要完善头像、名称、简介等内容。比如我的头像是一张拿着相机、穿着白 T 的文艺照，我的名称是"导演姐姐马成美"，导演体现出专业性，姐姐又会让人觉得很亲切，不会产生距离感。简介里，介绍我是谁，我的账号提供哪些内容以及如何链接我的信息。用户定位、内容定位以及人设定位的具体内容，在后续章节中会详细介绍。

3.1.3 选择细分赛道，打造长尾爆款

在做商业闭环设计时，很多人都会卡在赛道的选择上。据报道，全国有 3 亿短视频创作者，无论是哪个行业，哪个品类，在每一个短视频平台上，都已经非常饱和，再要想找到短视频的蓝海赛道，几乎是不可能的。如何在红海中开辟出一条道路，找到属于自己的赛道，是打通商业闭环的第一步。

刘润在《5 分钟商学院》中，提到了长尾爆款理论：因为互联网的出现，那些小众的、位于需求曲线中长尾部分的产品，也有着巨大的利润增长空间。他建议，小企业一定要做小众的大市场，在长尾中找到爆品。这个商业逻辑放到自媒体上也同样适用。在选择赛道的时候，不仅要找到领域，还要在领域中做细分，成为细分领域的头部。

我有一个朋友，他在抖音平台上运营一个潮玩账号，介绍暴力熊。在这个账号只有几万粉丝的时候，每个月的收入流水已经有三四百万。这个账号没有选择大众品类，而是聚焦高端潮玩。虽然小众，但是账号粉丝非常垂直，而且暴力熊的单价很高，因此粉丝的消费能力也很高，整体收入就非常可观了。

我自己的账号导演姐姐马成美，如果教常规的视频拍摄，那么同质化的内容也会非常多，竞争很激烈，难以出圈。因此，我切了一个细分领域——如何用手机拍摄 Vlog。当用户搜索 Vlog 拍摄的时候，我的视频总能出现在搜索页的前几屏，这样被关注到的概率就高了很多。

我们可以通过以下几个方式，去找到适合的细分赛道：品类、场景、角色、风格。

比如美食赛道，竞争非常激烈，单纯拍美食制作过程很难做出优势，需要进一步细分。通过细分品类，可以选择做川菜、湘菜、凉菜等；通过细分场

景，可以选择做快手早餐、职场便当等；通过细分角色，可以是姐姐给弟弟做饭，爸爸给家人做饭，或者主人给猫咪做饭。通过细分风格，可以呈现治愈感的美食生活，比如日食记；或者幽默风趣的美食制作挑战，比如绵羊料理。

3.2　账号的人设定位

3.2.1　人设是出圈的关键

人设这个词，最早被用在动画角色上，指给每个角色一个人物设定，包括它的外貌特征、个性特点等。我们做账号，也需要做人设布局，以便于 IP 的打造和传播。

首先，人设能够帮助我们快速出圈

人设是一种身份标签。比如，我的人设是一名纪录片导演，做摄影教学的博主非常多，但是央视导演来做教程的并不多，所以更容易被记住。很多粉丝都叫我"导演姐姐"，而不是叫我的名字。有了独特标签，会更容易被大家看见和记住。

其次，人设可以帮助建立信任，打通变现闭环

以前我们销售产品，你需要在产品上下大功夫，狠狠地宣传产品的成分、材料、功效甚至理念等。但在自媒体时代，用户做消费决策的时候，更多是因为对人的信任而购买。我们会因为喜欢某个博主，信任他的专业性，进而种草他使用和推荐的产品。

最后，通过人设建立个人品牌

一位博主在某个领域持续地输出价值，在某一个领域获得了一批忠实粉丝，随着粉丝量的不断上涨，账号和博主的影响力也在不断地扩大，个人品牌也随之建立。影响力就是价值，影响力越大，价值越高，变现的能力就越强。

人设是出圈的关键，通过人设可以打造自己的个人品牌。

3.2.2 人设第一步：我是谁

人设，包括两个方面。第一，你是谁？第二，你和别人有什么不同？先从身份出发找到你在互联网中的位置，然后通过差异化强化记忆点。

每个人的身份都是多元的。要回答"你是谁"这个问题，可以从基础画像、家庭身份、社会身份、独特经历四个维度展开分析。

基础画像

每个活跃在互联网上的人，都会被打上标签，构成一个用户画像。这个画像就像一张身份名片，包含性别、年龄、地域、兴趣领域等。你是什么样的人，你就会吸引到什么样的人。

家庭身份

你在家庭中扮演什么角色？我在家庭中扮演女儿、妻子、妈妈的角色。家庭身份可以帮助 IP 快速建立认同与共鸣，从而打造人设。小小小海星是一名美食博主，她给自己的一个身份标签是"姐姐每天给弟弟做便当"，然后围绕这个便当的主题，每天变换花样去做美食。评论区里有很多人说："为什么我没有这个姐姐？"或者开玩笑问："你还缺弟弟妹妹吗？"这就引起了大家的广泛讨论，让大家产生了一个记忆点。这个就是我们利用身份标签去打造自己的人设。

社会身份

你从事什么职业？做过哪些事情？有过什么经历？从社会身份上来说，我是一名导演、一位自媒体人、一个创业者、一名讲师，等等。每个人的角色都是多维的，应尽可能将自己的维度拓宽，从而找到更多的可能性。母婴博主育婴师安安米奇，在她的简介里写到自己是一名三胎妈妈——这是一个家庭标签，同时还是一名国家认证的育婴师——这是一个社会标签。三胎妈妈与育婴师的角色放在一起，就能够猜测出她的内容是围绕什么展开的——育儿方向。也正因为有了这样的身份，有了学习经验和实操经验，她才进一步与粉丝建立了信任感。

独特经历

除了基础身份信息之外，还需要进一步挖掘你的优势。可以从过往经历、生活经验、兴趣爱好三个方向去思考自己的独特之处。比如都是分享短视频制作，我的优势在于我曾是一名央视导演，做过国家千万级纪录片项目，我的作品在央视播出。这就给用户一个关注我的理由——这个账号有丰富的影视制作经验。我的学员陈老师，我前面也举过她的例子。她是一名芳疗师，通过芳香疗法使用精油给宝宝做护理，孩子今年 6 岁了，从来没有因为生病去过医院，这就是她非常独特的经验。在选题策划的时候，我让她先做这个选题，结果第一篇笔记就实现了转化和变现。

你的经历和经验，是一座巨大的宝藏。如果你不知道自己的优势在哪里，可以通过三个成就事件法去挖掘。思考一下，你人生最值得分享的三个成就事件是什么？

3.2.3 人设第二步：我有什么不同

没有最好的人设，只有最独特的人设。与其追求完美，不如追求与众不同。做同样品类的内容，你和别人有何不同？如果能解决没有差异化的问题，你就给了用户一个记住你的理由。

差异化很重要，但是差异化不是很好挖掘。因为你长期跟自己相处，你处在自己的圈子里，用自己的视角看世界，所以有时候很难发现自己哪里跟别人不一样，也看不到优势在哪里。在这样的情况下，应该如何去设计差异化呢？

首先，从自身特点挖掘差异化

你可以跟亲戚朋友去聊一聊，问问他们，在你身上或者生活里，有哪些特质，有哪些与众不同之处，是他们喜欢的、向往的。

我有一个学员，跟他第一次进行定位咨询时，聊了将近一个小时，我想去帮他找到差异化，聊了很久也没有发现。聊天过程中他有提到自己养猫，但是我开始只认为是一般家里养一两只猫。聊到最后，他才跟我说，他养了 11 只猫和 2 条狗，我瞬间又提起了精神，这就是他的差异化。一般家庭是不会养这么多宠物的，而且他的猫猫狗狗还有个特点，就是跟随他迁移到过很多个城市，现在一家人在大理生活，所以这些猫猫狗狗也是有故事的猫猫狗狗。可他自己养宠物很多年，并不觉得自己养这么多只存在什么与众不同之处。

通常自己所忽略的地方其实在别人看来也许就是你的独特之处。所以，你现在就可以发一条朋友圈，让大家说一说他们印象中的你有哪些特点和与众不同之处，还可以设置红包奖励增加参与度。

如果你从自己身上实在挖掘不出差异化，还可以从外在的表现去挖掘，比如场景、形象、语言、动作和道具。

场景，可以强化人设。同样是家庭主妇，生活场景是一个普通家庭还是一个别墅带院子的豪宅，呈现出来的特质是不一样的，吸引来的受众也是不一样的。你可以根据自己的内容和风格，对场景进行设计。

形象，特色装扮能够让人快速记住。当我们想到多余与毛毛姐，就能想起他的红头发；当我们说到鹤老师说经济，脑海中就会出现一个穿着蓝衬衫、戴着蓝帽子的形象。找一个属于适合自己的风格，进行差异化设计。

语言，设计一句标语（Slogan），在用户心里种下一颗锚。在《视觉锤》这本书里，作者市场战略定位专家劳拉·里斯说道："建立一个品牌，你需要两样东西，一个视觉锤和一个语言的钉子，而且首要的是钉子。"语言的力量，可以像钉子一样，深深扎进用户的内心。你一定还记得这句 Slogan："我是 Papi 酱，一个集美貌与智慧于一身的女子。"这句话让我们迅速记住了她。现在很多博主都会给自己设计一句 Slogan，比如说我关注的云蔓创业说，她的 Slogan 是"我是云蔓，一个只讲真话的创业博主"。Slogan 一定要简短有力、朗朗上口，便于记忆和传播。

动作和道具。不是每个人设都必须有动作和道具，但它可以强化 IP 的风格和特点。比如变装账号垫底辣孩，视频开篇都会拿出道具，在道具上面写上变装主题，并且用小朋友的声音读出来，这就形成了他的特定风格。

3.2.4 人设第三步：人设三件套

当明确了定位和差异化后，我们就可以设计我们的三件套了，即头像、名称和简介。

头像是给人的第一印象，要与自己的人设相符合

一般不要使用风景、动物、卡通形象等作为头像，最好可以通过头像就能判断出你的身份。我最初的账号，是分享如何给宝宝拍照，所以我的头像就是我抱着娃。后来，我调整了内容方向，明确了做摄影教学后，就换成了现在这个头像——一张拿着相机的文艺照。

一个好的名字，不仅能展示出你的特点，还便于记忆和传播

在起名字的时候，有两个要点：第一好记，第二展示价值。大家一看你的名字，就能知道这个账号是做什么的。一个好的名字帮助用户降低思考成本，迅速和他的需求相关联。这里提供一个简单的起名字的思路，"名称＋职业／领域／场景"。

"名称＋职业"，能够清晰展示你是做什么的。比如"导演姐姐马成美"，一看就是一位导演。"名称＋领域"，能够清晰告诉别人你的内容价值是什么，比如"毒蛇电影"，一看就知道这个账号是讲电影的，而且它的风格是"毒蛇"，语言会比较犀利；再比如"老爸测评"，这个账号是关于产品测评的，而且做测评的这个人是一位"父亲"，听上去就很靠谱可信。"名称＋场景"，可以让人在脑海中建立想象，比如"十点读书""深夜食堂"等。

简介，进一步介绍你的价值

当用户看了你的视频，进而通过视频点击到主页后，简介可以告诉他，你的价值是什么。通常在简介中，可以展示你的独特之处、账号的内容方向以及价值观等。

美妆博主豆豆 _babe 的小红书简介是：

彩妆 | 护肤 | 好物种草

混干敏皮（痘终于不长啦）| 黄 - 白

小众宝藏挖掘机（特别是口红＋香水）

通过这一段描述，我们可以解读到这个账号提供的内容是彩妆护肤方面的知识与产品，并且还知道她的肤质情况，如果同样是混干敏皮的小伙伴，就可以"对症找药"，而且她还会分享小众口红和香水。

另外一位美妆博主骆王宇的小红书简介是：

我的工作是：为每一位粉丝提供系统化的护肤方案

提倡精简护肤，买的痛快不如买的明白

用更少的产品发挥更大的效果

口碑比赚钱更重要（这条给我自己看）

通过这一段描述，我们可以解读到这个账号的博主提供的是系统化护肤方案，而且推崇精简护肤。从简介中我们可以感受到博主的专业度，而且非常替用户着想。"口碑比赚钱更重要（这条给我自己看）"更是能够表明他的价值观，赚钱虽然重要，但他更在意自己的羽毛，言外之意就是，他推荐的产品都是良心推荐，你可以大胆相信他。

同一个领域，不同的简介，会带来不同的角色和身份背书。所以，一定要用心雕琢简介用词，放大你的优势，给用户一个关注你的理由。

3.2.5 人设第四步：定期优化调整

我们在梳理 IP 的时候，有两点注意事项：

第一，人设绝对不是编造出来的，而是基于你这个真实的人提炼出来的。去假装自己是一个什么样的人，这种人设是立不久的。一定要基于真实的自己，把自己的优点放大，去找自己的标签。这样的人设才能够立得住、走得远。

第二，人设定位是不断调整优化的。每一个人都是多元的，很难一下就找准自己的优势和这个市场需求并使两者匹配。因此人设定位需要测试和调整。拿我自己举例子，我一开始做账号其实是想尝试母婴类目，所以一开始的定位是一个新手宝妈的角色，慢慢地才变成一个摄影博主，然后到现在带领学员做账号。我的定位是随着自己的探索实践，随着市场的需求逐步调整的。

当你有了一个想法后，可以采用最小可行性原则（MVP 原则），即先找到一个大的方向，有了方向之后立刻就去实践，在实践的过程中，去验证自己的想法是否准确。根据粉丝的反馈、数据的反馈以及评论的内容，不断优化，慢慢靠近最适合自己的人设定位。

目　录

有很多人觉得找不着自己的人设定位，也不知道该做什么内容，然后就不做了。如果你去尝试，就有 50% 的成功的概率；如果连尝试的勇气都没有，那只有 100% 的失败。

3.3　账号的用户定位

赛道和人设明确后，接下来需要分析用户。

只有当我们知道用户是谁，做内容的时候才能做到心中有数、

手中有策、行动有方，以结果为导向进行内容创作，

而不是跟着感觉走，做一个自嗨型创作者。

3.3.1　通过产品定义用户

一个账号的商业化，看似是在付钱的那一刻完成的交易，其实在前期策划的阶段，销售工作就已经开始了。销售环节的设计，隐藏在产品和用户定位中。

同一个赛道，不同的产品设计，就有不同的用户人群；不同的用户，就会有不同的需求，因此在内容策划上也有所不同。

珠宝设计师做账号，如果他的产品是玉石翡翠，那么用户就会是年龄偏长的气质女性；如果他的产品是时尚配饰，那么用户就会是年龄较为年轻的时尚女孩。针对不同年龄段的女性，内容的方向也需要有所不同。

房产经纪人做账号，如果他的产品是房子，那么用户就是购房者；如果他的产品是如何成为金牌经纪人的课程，那么用户就是同行。

电商平台代理人做账号，如果他想卖平台上的产品，用户就是这些产品的消费者；如果他想做渠道生意，找更多的人加入平台，那么他的主要用户就是想创业的人。

所以，先梳理一下，你的产品是什么，这个产品可以触及的用户是谁？在

设计产品时，尽可能选择用户群体范围广的。

我有一个学员，他想做健康类的知识输出，在定位时就犯了难。他对于两个方向的内容都比较擅长，一个是跑步，一个是中医。他自己坚持跑步11年，有跑步相关的专业背书。对于中医，他自己比较喜欢，能分享一些经验心得。所以不知道选择哪个方向更好。

正在阅读的你，也可以想一下，你觉得哪个方向更合适呢？是喜欢跑步的人多，还是喜欢中医的人多？是跑步的周边产品比较多，还是中医的周边产品比较多？其实考虑完这两个问题之后，答案也就自然而然知道了。我们肯定优先去选择跑步这个品类。因为跑步的人群更多，从小孩到老人，大家都有锻炼的需求，跑步也是大家比较推崇的锻炼方式，它的受众范围更广。而且围绕跑步，能够涉及的产品也很丰富，健身用品、健康产品、课程开发等，都可以去围绕跑步展开。而且相对于跑步，寻求中医知识的人相对是少的。所以，在跑步和中医两个品类当中，一定要选择适用范围更广的跑步。

那么一个账号在一个赛道上能不能设计多个产品呢？可以，但不是在账号初期。在起号阶段，需要把所有的火力集中在一个点，狠狠地"打"。如果内容过于分散，账号的涨粉和转化会产生一定影响。等到账号做到一定规模，有一定影响力后，可以再设计多个产品。

有的时候，用户和产品也可以进行反向策划：当你有了一定的用户基础，可以根据用户的属性和喜好，找到他们可能感兴趣的产品。

3.3.2 通过数据了解用户

用户的基本画像，包含性别、年龄、地域和兴趣分布等。在每一个账号的后台，都会有粉丝数据分析。通过粉丝的基础画像，我们可以大致判断自己的用户是哪一类人群，同时还能了解他们的消费习惯和消费内容。

下图是我的账号的后台数据。可以看到，我的粉丝里女性居多，年龄以25~34岁为主，所在城市是北上广深以及其他一线城市，对美食、出行、家居等内容感兴趣。以此可以判断，我的粉丝是一些具有消费能力的青年女性。

因此，我在内容输出的时候，可以多涉及一些吃喝玩乐的场景。而且，我的课程可以相对高价一些，因为粉丝是有消费能力的。甚至，我还可以考虑视频带货，卖一些家居日常的拍摄道具。

刚刚启动账号的新人，或许不知道自己的用户是哪些群体。这个时候，可以通过同品类账号的粉丝画像进行判断。下面是在数据网站蝉妈妈上，截取的某账号粉丝数据。

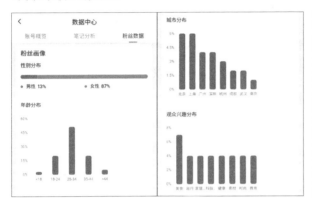

作者在某平台的账号后台数据

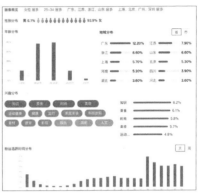

同类账号粉丝画像

从后台数据中，我们还可以看到粉丝的活跃时间。粉丝的活跃时间就是我们发布视频的最佳时间。通过分析，我们可以知道该账号最佳的内容发布时间是 18 点。

3.3.3 通过分析拆解用户

有了基础画像，我们可以大概知道用户是谁了，但是还不足以支撑内容创作。所以，接下来继续分析用户的类型，思考你的内容或者产品会有谁愿意来消费。

比如，我做的视频拍摄剪辑的课程，用户群体有谁呢？谁需要学习视频拍摄剪辑？想学习视频剪辑，一定是想在短视频平台做账号，那想做一个自己的账号的人都有谁呢？

宝妈，空闲时间比较多，可以开发一项副业；

大学生，学习技能，为以后找工作加分；

41

创业者，而且是小型创业者，希望通过互联网平台获取线上流量；

上班族，记录自己的生活，同时发展一份副业；

知识付费的老师，通过视频放大影响力；

实体店老板，通过线上获取更多的流量；

新媒体运营，以前做图文，现在为了适应视频需求，需要做转型；

影视爱好者，用镜头记录自己的生活、想法以及对世界的观点；

……

在分析你的用户时，可以从产品价值出发，考虑哪些群体需要这个产品，去解决什么样的问题。如果没有特别好的思路，也可以去看对标产品的介绍页，通常也会帮你明确产品的适用人群。

3.3.4 通过用户分析需求

不同的用户群体，对内容的需求也不尽相同。想要有效触达用户，还需要对用户的需求进一步拆解。他在学习了解这个领域的时候会遇到哪些问题，有哪些痛点？

还是以拍摄剪辑的课程为例。大学生有什么痛点？大学生可能没有太多的资金可支配，没有办法购买特别专业的设备。而且他们的拍摄场景以校园和寝室为主，相对有限。所以针对大学生群体，我应该出的这一类选题就是如何通过简单的设备和道具进行拍摄。

宝妈在学习拍摄剪辑的时候会遇到什么问题呢？宝妈相对大学生，可能有一定经济实力，但是她们的痛点是没有太固定的时间，大多数情况下都是自己拍摄，没有人帮她们拍。而且家里有宝宝的都知道，家里很难保持干净整洁的状态。所以拍摄的时候需要一个简易的布景。那针对宝妈，我提供的这类选题就是如何一个人在家拍摄，杂乱家居场景如何拍出高级感，以及如何通过简易布光让拍摄场景更好看等。

再比如，针对这些自媒体新手，他们在做内容的时候会遇到一些技术或者运营方面的问题。于是我能做的选题还有拍摄画面选横屏还是竖屏，横屏和竖屏的画面在信息传递时有什么区别，又或者告诉大家如何上传视频，能够保证画质的清晰等。

按照上面的方法，当你拆分出内容领域的十大用户，以及每类用户的十大痛点，你就拥有了一百道选题。

而且这些选题是非常精准的，能够准确地触达你的用户。

前文提到过的芳疗师，她自主研发了很多精油产品。在详细了解了她的产品系列后，我让她去分享针对儿童感冒发烧日常护理的产品，把针对女性皮肤护理的产品先放一放。为什么呢？那个时候是 12 月份，秋冬季节是儿童感冒发烧的高发季节。在这个当下，大家对于照顾宝宝的需求是比较高的。因此，以这个为切入点，会比护肤品更容易被关注。

果然，她策划的两期关于精油护理儿童的视频获得了很好的反馈。笔记发出去后，陆陆续续有几十位精准用户被转化。更让人惊讶的是，这篇笔记发出后，很多人通过搜索找到了这篇笔记。每到感冒高发时节，就会有一拨新用户关注。所以，只要你能精准找到用户的痛点，并提供解决方案，就可以实现持续的精准变现。

按照这个逻辑，我们还可以通过内容去吸引新的用户群体。比如说做护肤知识，你原来的受众群体都是女性，你想吸引男性用户，这个时候只要在你的内容里提供男生护肤痛点的解决方案就可以。

3.4 账号的内容定位

账号想长久地走下去，一定要有持续的内容输出能力。

内容定位就是为账号搭建一个创作框架，以支撑内容的持续输出。

在内容定位环节，需要选择一个快速与用户连接的内容方向，

并且找到适合自己的内容形式。

3.4.1 找到与用户连接的最短路径

内容方向的选择，决定着触达用户的链路长短。从用户的角度来说，用户是带着特定需求来消费内容的，如果你的内容足够精准，那么就能缩短用户与产品之间的距离。

我的朋友 W，养了一只猫。她经常从海淘网站上买进口猫粮、猫罐头、猫零食等，买着买着，她觉得这是个商机，也想顺便卖一卖，自己赚点外快。于是她开了一个账号，每天用视频发猫咪的日常和吃罐头的萌照，但吸引来的粉丝都是猫咪的颜值粉，大家都只是觉得猫猫很可爱，没有人向她购买产品。

我帮她分析，她的产品是这些海淘来的进口零食，进口零食相对来说价格偏高，因此她的目标用户应当是有一些消费能力，同时也愿意去买进口食品，而且愿意从她这个渠道去买进口零食的人。这些人既想照顾好宠物，又想尽量节约一些成本，因此同样也希望能够自己海淘来一些猫罐头。基于这个思路，我就建议她在内容上输出如何海淘猫罐头的干货。

同时，我还让她在内容里设计一个"钩子"——如果想了解海淘的具体细节，我这边有一份详细的海淘地图。用户看到这个"钩子"之后，就去找她要资料。但因为海淘的过程实在太复杂，大多数人会因为麻烦而放弃，进而直接从她这里购买现成的海淘产品。通过内容方向的调整，让触达精准用户的链路变得更短。朋友后来反馈，内容调整后销量有了大幅提升。

那么，你要如何找到自己的内容方向呢？

可以拿出一张 A4 纸，按照下图画一个表格。把你擅长的内容在左侧列出来，然后去分析这个内容方向能够关联的产品有哪些，能够触及的用户群体有哪些。每写一项，权重加 1，最后进行分数的加权。选择总分最高的那一项作为你的内容方向。

擅长的内容方向	可关联的产品	用户群体	分数加权
1			
2			
3			

分析内容方向

3.4.2 主流的三大内容形式

从内容形式上来说，大体可以分为图文、口播和 Vlog。图文就是用图片加文字的形式进行输出。口播是指对着镜头讲话的视频内容。Vlog 是指通过丰富的画面进行展示的视频内容。

图文类

内容：图文类笔记在内容上没有特定要求，任何内容都可以通过图文形式来展现。通常当博主不太愿意露脸的时候，会更多地选择图文形式。

制作：图文类笔记的制作相对简单，通过制图软件或平台进行输出即可。

难点：对于图片的美感和文字的表达要求比较高。

口播类

内容：内容以干货分享为主，介绍某个知识、某种观念或某款产品。适合美妆博主、时尚博主与知识博主。

制作：这类视频制作相对简单，基本上是单机位拍摄，一个人对着镜头说话就可以。

难点：口播内容对于博主的镜头表达力要求比较高，并且需要能够提供干货，非常考验博主持续输出内容的能力，要能够高效地学习并整理知识。

小贴士

注意，这里说的是整理知识。做内容分享，不一定需要在某个行业深耕多少年，有多么丰富的行业背景，其实只要你的内容能够给别人带来一些价值就可以。比如帮助别人理解新知、帮助别人节约时间等，都是可以的。

Vlog 类

内容：Vlog 大体分为两种，一种是生活类的 Vlog，一种是故事类的 Vlog。

生活类的 Vlog 偏向碎片式记录，缺少较强的主题，呈现生活状态，常见的有美食 Vlog、宝妈看娃 Vlog 等。这类视频追求真实，以期让受众从你的生活中找到共鸣。故事类的 Vlog 有明确的主题或故事线，视频内容大多以输出情绪、观点、故事为主，常见的有旅行 Vlog、探店 Vlog 等。这类视频一般都会遵循故事的创作手法，视频内容有起承转合，有冲突，有反转。

制作：无论是哪种类型的 Vlog，都需要拍摄大量素材并进行画面剪辑、配音等。制作周期较长，制作难度也比较大。

难点：需要掌握一定的镜头语言和剪辑知识。相对于纯小白来说，有一点难度。本书会详细介绍如何进行拍摄和剪辑。

所以如何选择内容形式？在选择适合自己的内容形式之前，可以先问自己以下几个问题：

①你是否愿意出镜？

②有没有人帮你拍摄？

③你的表达是否流利？

④你的拍摄环境好不好看？

⑤你每天能够拿出多少时间在视频制作上？

如果你不愿意出镜，可以考虑图文形式；如果你的表达不是特别流利，面对镜头非常紧张，可以考虑用 Vlog 的形式；如果拍摄环境不是特别好看，那么口播或许更适合你。

在账号起号阶段，尽量轻量化创作，减少创作难度增加输出频率，这样才能够在短时间内拿到更多的数据反馈，快速优化迭代。

第四章

选题策划:
让视频拥有爆款基因

内容即商品,好的选题要像好的产品一样,为用户解决问题或者提供价值,比如提供轻松愉悦的感受,提供碎片化知识,提供可供探讨的话题,引发情感共鸣等。很多人无法坚持创作,原因大多是不知道拍什么,不知道如何找到好的选题。选题找好了,视频创作就成功了一半,所以搭建自己的选题库,是保持优质且持续创作输出的关键。

挖掘爆款选题有章可循,本章将详细介绍选题的四大价值以及挖掘选题的五个方法,让你拥有源源不断的爆款思路。

4.1 内容价值的四个维度

在传播学中,有一个非常重要的理论:
使用与满足理论。
该理论指出,
人们总是带着特定需求去寻求媒介并且从中获得满足的。

想象这样一个场景:周五晚上,你回到家,刚刚结束的饭局让你感到有些疲惫,所以衣服都懒得换就在沙发上躺下了。这个时候,你想稍微放松一下,那么,是看书,还是打开电视,或者是刷手机呢?你想了下,还是手机最方便。于是你拿起手机。可手机上有那么多的软件，选哪一个呢？是打开微信找朋友聊天，还是打开腾讯视频看电影，又或者打开抖音看看段子？你似乎也没有犹豫，抖音上面的内容多，而且系统非常懂你，总是能精准推送你喜欢的内容，于是你打开了抖音。你看着视频中的搞笑段子，跟着笑了起来，时不时还会点个赞评论一下。此刻你觉得很放松，一周的疲惫烟消云散。

这就是用户在选择内容时的心路历程。先产生一个需求，抱着对媒介的期待，主动寻求媒介，然后在过程中需求得到满足。

使用与满足理论于 20 世纪 40 年代提出，到了今天，媒介形态已经发生了巨大的变化，从传统的纸媒到广播媒体、电视媒体，再到互联网媒体、移动互联网媒体……信息不仅触手可及，甚至泛滥成灾。用户宠幸哪个平台，点击哪个内容，和谁产生互动，主动权都在他的手里，而且每一个动作都是基于他的需求触发的。

因此，要想做出爆款内容，首先要了解用户需求，然后再根据需求提供价值。那么，用户的需求都包含哪些呢？根据使用与满足理论，人们消费媒介的需求大致分为娱乐需求、信息需求、社会交往需求以及精神和心理需求。

内容的价值，也可以从以下维度去展开：提供愉悦的感受、提供新的知识、提供热点或有趣的话题，以及引发用户共鸣。

4.1.1 内容价值的第一个维度：提供愉悦的感受

美好的人、事、物，总是能带来多巴胺的分泌，带来愉悦的感受。当你打开任意短视频的数据平台，去查爆款视频或者账号排名时，会发现搞笑品类的内容及账号总是占有绝对地位。

微信视频号日榜排名

在这份微信视频号的日榜排名中，前 10 名里有一半以上是搞笑账号。人们喜欢看搞笑视频，因为能够获得即时的快乐，大脑喜欢即时反馈，需求得以瞬间被满足。提供愉悦的感受，可以从两个层次去呈现。一、从视觉上满足观众的感官需求。高颜值的小姐姐、小哥哥，或者是萌娃、萌宠，都有天然的优势。此外，场景的美感也大受欢迎，好看的风景、精致的装修，都能让观众感受到美好。二、还可以通过内容情节让观众能够感受到愉悦。比如前文提到的搞笑类视频，还有诱人的美食、浪漫的旅行以及治愈系 Vlog 等，都能够提供放松、舒适、解压、欢乐的愉悦感受。

4.1.2 内容价值的第二个维度：提供新的知识

泛娱乐化的内容能够提供即时的快感，但刷娱乐内容刷久了，会让人产生负罪感，觉得自己在浪费时间。所以，人们在内容消费上愈发呈现出一个趋势——开始关注泛知识的内容。有报告显示，"获取实用技能"是用户使用互联网时最能提高满足感的内容[1]。

---

1 引自：《人口"凶猛"》，《商界》2022年第3期。

对于内容创作者来说，做知识输出是非常容易出爆款的一条路径。这一点，在我历年来的内容创作中都得到了验证。

2019 年，我负责小米公司的两个官方账号的运营。不到一年的时间，在没有投放的情况下，Instagram 和 Facebook 两个平台均涨粉 100 多万，内容就是做知识输出。

具体是做什么呢？当时我负责小米 MIUI 的账号。MIUI 是小米的操作系统，于是我们就制作了一系列视频，分享如何用小米手机自带的相机功能拍摄出酷炫的照片及视频，比如如何用手机拍月球，如何用手机拍 MV 等。我会选择最具视觉冲击力的画面作为封面，然后将拍摄道具、拍摄步骤、相机参数、后期操作、调色数据等一一列出来，让粉丝学习拍摄，并鼓励大家在评论区"交作业"。通过有视觉冲击力的画面和可复制的操作方法，带领粉丝长知识，为粉丝提供互动平台，也帮助我们获得了百万粉丝量。

2020 年底，我做自己的账号时也采用了同样的策略。当时，Vlog 这个内容品类非常火，于是我就教大家如何用手机拍摄电影感 Vlog，在小红书平台上迅速获得了一批粉丝，开通账号的第一个月就出了课程。

除了各个领域的专业知识之外，任何经验技巧都可以是泛知识的内容。比如美食制作方法、时间管理技巧、水垢如何清除等，从人际交往到工作技能，从兴趣爱好再到生活小窍门，都可以拿来分享。这些技巧和经验虽然简单，但在一定程度上帮助别人节省了摸索和研究的时间，就属于有价值的知识。

4.1.3 内容价值的第三个维度：提供话题

人是社会关系的动物，我们每一个人都处在亲情、友情、爱情等社会关系中。提供一个能够成为社交话题的内容，可以帮助用户强化他的社交关系，并且提供归属感。

我有一个关于双性人的纪录片，在没有任何推广的情况下，这个片子上线仅一周就达到 200 万的播放量，而且在各个视频平台上都获得了其平台官方的密切关注。为什么这个片子能获得广泛的关注呢？因为这个选题是关于双性人的，大家在日常生活中很难见到，有的人或许听说过，但却不知道双性人的生活是什么样子的。想知道双性人长什么样子，有怎样的故事，在好奇心的驱使下，就想要去了解，并且后续在评论区发表观点。当一个观点被别人点赞后，他会获得一种来自他人的认同感和归属感，这就是在网络中实现的社会交往的需求。

4.1.4　内容价值的第四个维度：引发共鸣

当你在视频中探讨某个话题或者观点，能够引发观众对于自己、对于生活甚至人生的思考和共鸣时，这个视频就是非常成功的。因为视频不仅调动了大家的感官，更调动了大家的内心。一个视频的基础是提供一个美好的感受，在此之上，更高的要求是能够上升到对价值观的思考。

内容的价值没有好坏高下之分。但凡能够让大家从你的视频里收获一些东西，你的内容就成功了。当然，以上几个层面的价值是可以同时存在的，当你的内容呈现的价值越多，包含的信息点越密集，对于观众来说他的收获也越大。

所以，在策划一期视频拍摄之前，要先思考你这支视频的主题是什么，在这个主题下，视频能够提供哪个层面的需求。

4.2　挖掘爆款选题的五个方法

本节内容提供五个找选题的思路，
让你拥有源源不断的爆款选题。

4.2.1　借力打力，拆解对标账号

成功往往可以被复制，尤其是对由算法主导的短视频来说，那些跑出来的

优质内容，一定是符合大众需求和平台规则的。找准对标账号和爆款选题，是我们做短视频初期非常好的借力方法。

分析对标账号的爆款选题，不是简单的模仿和抄袭。找到一个对标账号和爆款选题时，我们要参考的不是它的具体内容，而是它的话题方向、主题方案、文案结构，即所谓"流量密码"，绝对不是把原来的内容照搬过来。那么，如何找对标内容呢？

第一步，找到你所在细分领域的爆款内容

经过内容定位梳理，你现在应该有一个相对清晰的方向了。把你所在这个领域的关键词输入到短视频平台的搜索栏里，输入进去后，先别着急搜索，系统会自动为你匹配关键词的拓展词。以视频拍摄举例，在小红书的搜索栏输入内容后，系统会自动匹配一系列的拓展词，如视频拍摄设备、视频拍摄方法、视频拍摄角度、视频拍摄构图等。在系统拓展出的 10 个甚至 20 个细分方向中，找到最适合自己的细分领域再进行搜索，找到最热的内容，视频图文都可以。

第二步，拆解对标内容

这里要从两个维度去分析。第一步，分析内容本身，列出它的标题、结构、特色以及关键词（标签）。第二步，去翻看这篇内容的评论区，记录下高赞的评论。分析这些被点赞的问题是博主没有提及的，还是能够引发人共鸣的，都可以作为你的选题思路。

你在一个搜索词下找到 10 篇爆款内容，摘录下这 10 个标题、关键词以及高赞评论，统计分析一下这些内容里有没有重合的词语。这个词语，就是"流量密码"。当这一个词语在爆款内容里频繁出现的时候，说明大家普遍关注的就是这个内容。你只要围绕这个关键词设计话题，并输出你自己的内容就好了。

第三步，当你在查阅爆款内容时，同时也可以去博主的首页看一下

查看首页是很多人容易忽略但其实至关重要的一项，你要看看他是做什么内容的，如果和你的定位相似，就可以把这个博主作为你的对标账号，摘录他的首页，分析它的栏目设计、选题思路以及爆款内容。

第四步，跨平台搜索

你在一个平台内找不到更多的思路和灵感时，可以跨平台搜索。一个选

题，在 A 平台受欢迎，到 B 平台一般来说也会受欢迎。爆款内容的底层逻辑都是一样的。除了国内的平台，也可以去国际平台搜索一下。

拆解对标账号需要花时间做内容的调研整理和分析总结，而接下来这个方法相对讨巧一些，不需要花费太多时间，结合前面的方法一起使用，事半功倍。

4.2.2 分析用户的痛点、痒点和爽点

痛点、痒点、爽点是互联网营销理论中三个概念，梁宁在她的《产品思维30 讲》中讲到，痛点是恐惧，爽点是即时满足，痒点是满足虚拟的自我。这些既是产品经理进行产品设计时的切入点，也是内容创作者走进用户内心的钥匙。

通过痛点，我们能够找到目标用户的需求与困扰，比如提供一个能够快速瘦身且不易反弹的方法。通过爽点，我们给用户提供能够获得即时满足的愉悦，比如讲述一个普通人逆袭或者灰姑娘嫁给王子的故事。通过痒点，我们呈现出一个美好的生活状态，让用户心向往之。

相较于追求快乐，人们对于规避痛苦的动力更强。在痛点、痒点和爽点之中，痛点是可以最快触达用户的选题方向。

4.2.3 聚焦热点，借助热门话题

一个话题为什么会成为热点？因为关注的人多，才会热起来。如果你的内容跟热点相关，是不是也能把这拨人吸引到你的内容上来呢？比如说，前段时间"元宇宙"这个概念特别火，元宇宙美妆视频立马就火了，很多分析元宇宙的博主都跟着火了起来。再比如某明星离婚的话题，一经爆出，大家都来蹭流量，不光是情感博主，还有房产博主、母婴博主、美妆博主也都在讲这个事情。

借助热门话题时，需要注意，要找到热门话题和你内容定位的巧妙结合角度，不能强行关联，生产低质量内容，更不能以讹传讹，盲目跟风带流量。

4.2.4 让创作灵感和平台活动挂钩

每一个平台都需要优质的内容来持续给用户提供价值，从而促进用户增长以及提升用户的活跃性。因此，每一个平台都会帮助创作者输出更加优质的内容。如果能够获得平台的扶持，向平台借力，那你的内容就有更大的概率获得较高的数据。

平台经常会发布一些官方活动，且都会给到特定的流量扶持。如果你的定位和内容符合要求，就一定要参加。

我的账号在起号之初，就赶上了一拨知识博主的红利。那个时候平台推出知识博主活动，每周提供选题思路，只要你按照选题方向输出内容，并加上官方话题标签，就有可能获得平台推荐。在这个活动期间，我的内容被推了好几次。因此也获得了一些额外流量，既没有花太多时间，也没有花钱。这个就是借助官方的力量让自己快速成长。

每个平台都有针对创作者的官方账号，可以经常去看一看，可以帮助你创作内容。官方的账号一般会提供的讯息有：

①内容创作思路；

②内容创作方法；

③优质内容的分析和拆解；

④平台最新的玩法与规则。

积极了解平台最新政策和玩法，有助于你下一步的内容设计。

4.2.5 数据指导创作，同时驱动创作

短视频运营的核心，就是利用数据指导创作。

所以，对平台整体的数据分析是非常重要的创作参考。每个短视频平台都有对应的数据分析平台，通过数据平台，我们可以掌握整个大盘的走势，可以了解哪个博主涨粉快，哪个话题热度高等，是可以直接拿来用到自己选题里的。

常用的数据平台有：

①新榜：抖音、快手、微信视频号、小红书等各大平台数据都可用来分析。

②蝉妈妈：主要分析小红书和抖音两个平台的数据。

③千瓜：专门解读小红书平台。

那么，如何使用数据平台呢？

去找你这个行业的对标博主，并且找到大家关注的热词以及这些涨粉涨得快的账号，研究他们是哪期视频涨起来的。对应的那期视频你要去好好分析一下，讲述的内容、角度，以及发布的时间等，可以帮助你在做内容的时候提供一个更好的决策。

除了选题可以基于数据拆解分析，你还可以找到同品类做得比较好的博主，去分析他的动作。比如，他的粉丝数以及报价，包括接广告的频率以及发布的时间、受众人群等，还有他是否带货，这些都可以去分析。当你去对接更多合作或者对接更多品牌的时候，你有了这样的参考，心里也比较有底。

4.3　关于选题的三大误区

很多人想拍短视频，但总迟迟下不了手，
认为自己的生活太平淡太普通了，没有什么值得分享的内容。
其实不然，关于短视频，
大家往往会有以下三个误区。

4.3.1 误区一：平淡的生活不值得分享

我们中的大多数都是普通人，拿着普通的收入，过着普通的生活，平淡是生活的常态。因此你需要对内容进行设计，为你的平淡生活赋予更多的价值。

七月小羊是一位母婴博主，在小红书上拥有 30 多万粉丝。她的 Vlog 内容主要记录了自己带娃的日常。视频的内容看上去好像非常平淡琐碎，但她传递了积极的生活态度。视频的文案总是能够打动人心，比如"每个人都渴望被爱，独一无二的那种""看似平淡的一天，也要付出很多精力""在烟火中寻找诗和远方"等。大家总是能够从她的视频里感受到温暖，找到努力生活的力量。

当然，如果你不擅长写优美的文字，表达细腻的情感，也可以从实用价值入手，分享一些知识、技巧和方法。每个人都有自己擅长的领域，哪怕你是一个家庭主妇，也一定会有如何把生活过得井井有条的经验分享。

YouTube 上有个 200 多万粉丝的头部博主 haegreendal，当我将她的 Vlog 内容按照数据排序时，惊喜地发现阅读量前十中的视频里，有七条介绍的都是生活经验和技巧，这就是知识价值。

知识不分高低，更不分好坏。如果你把自己生活中的经验总结出来分享给大家，能够给大家提供一些新的思路，或者能够帮大家节约收集整理的时间，那这个内容就是有价值的。

4.3.2 误区二：Vlog 视频都是假的

如果你自己拍摄过短视频，就一定知道，画面中呈现的每一个镜头都是通过设计拍摄出来的。画面中起床的场景不是真的刚起床，而是起床后把相机架好又躺回被窝重新起了一次床。画面中的出门也不是真的就出门了，出门镜头拍完你还需要回来把相机脚架收好，然后才真的出门。

那短视频是假的吗？

在一次线下的讲座中，我被问到一个问题：纪录片是绝对客观的吗，在多大程度上还原现实？其实，任何形式的创作都无法实现绝对的客观，每个创作者所理解的事实都有偏差，想呈现的内容也不一样。所以无论纪录片也好，还是 Vlog 也好，短视频也好，都是基于现实，但在一定程度上高于现实的创作。

在短视频中，创作者和观看者是相互成全的关系。创作者为了能够呈现更好看的画面、更有趣的故事，努力地提升自己的居家环境，改变自己的生活状态，不仅影响着观看者，同时也在不知不觉间向着自己喜欢的生活靠近。

所以，与其探讨短视频的创作手法是否属于摆拍，不如更多关注短视频能给你带来的收获和改变。

4.3.3 误区三：数据不好是方向问题

做账号最重要的是心态要稳。很多人发布了几期视频，看不到好的数据反馈，就自我怀疑甚至直接放弃。

没有一个账号是一下子就做起来的。每个账号在不同的阶段都会遇到不同的问题。尤其是在起号阶段，定位和选题都是要经过反复测试和优化的。与其纠结方向问题，不如把你想做的内容都尝试一遍。尝试后，就会有数据反馈。有足够多的数据反馈，才能够支撑优化方向。

与其纠结，不如行动。

第五章

脚本写作：
让视频制作轻而易举

你是否有过这样的困惑，想拍摄一支视频时，拿起手机不知道拍什么；兴高采烈地拍摄了一堆素材，又不知道该从哪个角度剪辑。不知道拍什么和拍完后怎么剪，其根本原因是缺少视频创作的行动指导——脚本。

本章就脚本的重要性、口播视频和 Vlog 的脚本创作，以及如何建立脚本思维进行介绍。

5.1　脚本的重要性

写好脚本，
是视频创作的前提和基础。
在脚本环节把内容策划好，
能够大幅提高拍摄、剪辑的效率。

5.1.1　视频从构思到成片的全流程

不论是 40 分钟一集的纪录片，还是 1 分钟的 Vlog 短片，一支视频从构思到成片，通常会经历选题调研、脚本创作、实际拍摄、剪辑脚本写作、后期剪辑、包装成片六个步骤。下面以一支 3 分钟人员采访短片为例做简要说明。

选题调研

导演的工作，通常是从找选题开始的。有的时候一到两天就能够找到好的选题，运气不好或者没有思路的时候，可能需要一个星期甚至更长的时间。有了选题，明确了拍摄的人物嘉宾，接下来动用人脉关系和社交网络联系到想要拍摄的嘉宾，取得拍摄嘉宾的认可后，同对方建立一次沟通，我们通常叫作前采。

脚本创作

前采回来之后，把聊天的录音整理成文字稿。大约一个小时的聊天就有上万字，我们通常会通过前采得到一个两三万字的稿子。把这个稿子里的内容进行提炼，然后加上拍摄的构思，撰写出第一版拍摄脚本，之后把这个脚本给拍摄对象确认。一般在这一轮沟通的时候，会根据拍摄嘉宾的意见，在不偏离自己创作思想的基础上，对脚本做一个微调。

筹备拍摄

在双方对拍摄脚本确认无误之后，就进入到下一个阶段，筹备拍摄。在筹备拍摄的时候，根据拍摄的复杂程度，需要做不同程度的准备。通常人物专访类短片需要去联系拍摄团队和拍摄场地，确定服装、道具、化妆等各个环节。如果项目经费足够的话，这个工作通常会找一名制片来做；如果是低成本的小制作，那就需要导演自己上手准备了。

正式拍摄

等到一切准备就绪，才到正式拍摄的阶段。一个 3 分钟的人物故事片，一般会用两到三个拍摄场景，拍摄时间大约是一整天。如果两个拍摄场景相距较远，需要转场，就会占用更多的时间。

在拍摄的时候，什么事情都有可能发生。一般来说，实际拍摄和脚本的计划多多少少会有出入。拍摄现场会有一些突发状况，可能是有利的，也有可能是不利的。比如计划拍到夕阳西下的场景，结果阴天下雨了；也有的时候，拍摄当天嘉宾状态特别好，捕捉到一些意料之外的精彩内容。这些情况无法预料但又时常发生。所以，成熟的导演，拍摄经验多了，就会练就一身随机应变的本事。

剪辑脚本

拍摄回来之后，不要着急去剪片子，先把素材过一遍，再根据当天拍摄的实际情况，结合之前的脚本思路，进行二次创作，也就是撰写剪辑脚本。

剪辑脚本和拍摄脚本的区别在于，拍摄脚本是给拍摄人员一个明确的指导，让摄制团队知道要拍哪些内容。剪辑脚本，顾名思义就是给剪辑人员的工作指导，同时也是导演思路的整理和细化。在剪辑脚本上，需要更加明确片子的结构、情绪等。有的时候，导演会根据剪辑脚本先粗剪辑一个版本，把片子里的采访内容按顺序罗列出来，然后再交给剪辑人员进行下一步的精剪。

精剪阶段

在精剪阶段，剪辑师会根据片子的内容、情绪、风格等，进行二次创作，在采访内容的基础上，匹配合适的画面、音乐、音效、动画等。导演和剪辑一般是密切配合的，一支片子会反复调整两到三次甚至更多，直至达到最终满意的效果。

一个3分钟的短片，从前期筹备到后期成片，在专业团队的通力合作下，需要至少一周的时间去完成。视频制作是一个相对来说比较烦琐且耗费时间的工作，对专业的制作团队来说是如此，对于个人短视频创作者来说更是如此。你如果是单兵作战进行视频创作，整个流程下来会觉得非常辛苦。

因此，为了减少拍摄中不必要的工作，同时减少后期创作的压力，视频创作者需要在前期筹备的阶段就把所有的制作细节落实在案头，即在脚本中完善好。磨刀不误砍柴工，脚本策划得越细致，后期的拍摄剪辑才会越轻松。

5.1.2 脚本的两大关键作用

脚本可以提高拍摄效率

脚本写得好，拍摄没烦恼。脚本其实就是视频的一个总框架和总提纲，你有了一个拍摄提纲之后，就不会出现在拍摄现场找不到拍摄思路的混乱情况，也不会出现漏拍镜头的失误。完善的脚本可以确保需要的镜头能够按照计划完成，并且可以确保剪出一支完整的视频。

这个道理跟拍照是一样的。如果你拍照的时候没有注意画面细节，比如光线不好、头发太乱或者身后路人太多，后期修照片的时候就会很崩溃，"拍照 5 分钟，修图 2 小时"。

没有脚本的拍摄也会如此，通常会出现镜头间无法衔接，或者素材很多却没有剪辑思路的情况。如果提前设计好一个脚本，这些问题就迎刃而解了。所以脚本是高效拍摄和精彩剪辑的重要指导，让你在视频制作的过程中思路更清晰、效率更高。

脚本可以提高视频的内容质量

面对平台上的大量短视频，用户普遍缺乏耐心，创作者需要在内容上精心设计。在剪辑技巧里，黄金三秒这个概念经常被提及，即视频内容一定要在前 3 秒，甚至前 1 秒就抓住用户的注意力，以免被滑走。因此，很多视频都会在开篇放一组快切，把视频中最精彩的内容片段放在开头，起到一个预告的作用。为的就是把最核心、最精彩的内容呈现出来，先把观众留住，再慢慢展开，娓娓道来。

其实不仅是开头，在设计整个视频的内容时，文案的结构、故事的起承转合以及遣词造句等，对于视频内容的传递和持续吸引观众都起着非常重要的作用。所以创作者必须精雕细琢出现在视频里的每一个细节，并且在脚本阶段就把画面和文案都构思好。

从拍摄手法上，短视频的类型大致可以分为以下几种：口播视频、Vlog 视频、剧情类视频等。下文将对几种不同类型视频的脚本创作方法进行详细拆解。

5.2 口播视频脚本创作

口播视频，是指人对着镜头直接说话的视频。
口播视频拍摄简单，制作难度低，
通常在以知识输出为主的视频中常见，
也适合自媒体新人上手。

在帮助学员改脚本时，我发现很多人习惯用写作文的思路来写短视频脚本。写作过程中，非常在意事件的发展顺序和内容的完整性，按照起因、经过、发展、结果罗列内容。这样的写法，会使得视频内容冗长，从而影响完播率。其实，在短视频文案的写作技巧上，可以借鉴新闻消息写作的手法。新闻消息写作要求"短平快"，要在第一时间将精彩内容用简练的文辞与精短的篇幅呈现出来，并且要具有可读性，能够吸引受众的注意。因此，在写作消息时，通常会用到"倒金字塔结构"。

金字塔的结构，是上小下大，倒金字塔结构就是把顺序倒过来，上大下小。这里的大小，在新闻写作中指的是内容的重要程度。也就是说，在写新闻稿的时候，要把新闻内容按照重要程度从上往下排列。先用一句导语，把最重要的内容凝练出来，然后在主体里将新闻的重要事实摆出，最后将新闻的次要事实放在结尾。

5.2.1 开篇：重点前置，吸引关注

通常一篇消息稿，由导语、正文、结尾三部分构成，其中导语是最核心的部分。导语，是用一句话或者一个段落将新闻中最重要、最新鲜的内容呈现出来，让读者看到第一句（段）话，就知道这篇新闻的重点是什么。

导语的部分，除了要讲清楚新闻的五要素（5W），即时间（When）、地点（Where）、人物（Who）、事件（What）、原委（Why）外，还需要能够在第一时间吸引读者注意，让读者找到事件与自己的需求之间的关联，从而产生继续阅读的欲望。

例如：

据青岛市卫生健康委员会网站消息，2022 年 3 月 7 日 12 时至 19 时，莱西市新增 9 例本土新冠肺炎确诊病例（以下简称病例 147—155）、66 例无症状感染者。[1]

---

[1] 引自：https://baijiahao.baidu.com/s? id=1726646443317442590&wfr=spider&for=pc。

在这句导语中，交代了事件的重要信息如下：

时间：2022 年 3 月 7 日 12 时至 19 时

地点：莱西市

事件：新增本土新冠肺炎确诊病例 9 例，无症状感染者 66 例

数据来源：青岛市卫生健康委员会网站

广西桂林市公安局象山分局 5 月 26 日向媒体通报，象山警方 5 月 22 日成功侦破"5·19"合同诈骗案，先后抓获犯罪嫌疑人 2 名，追回奔驰、宝马、奥迪、大众、丰田等品牌轿车、越野车 22 辆，最大程度为企业追赃挽损。[1]

在这句导语中，交代了事件的重要信息如下：

时间：5 月 22 日

地点：象山

人物：警方与犯罪嫌疑人

事件：警方抓获犯罪嫌疑人

结果：追回 22 辆轿车及越野车

在导语写作中，需要掌握两个要点：首先，一句话交代明白事情；其次，要把最核心、最精彩、最能吸引读者注意的部分呈现出来。

在短视频中，同样需要在开篇就交代清楚这支视频讲的是什么话题、最精彩的片段是什么，以及能给用户带来什么价值。有了这样的预期，用户才会有耐心把这支 3 分钟甚至 5 分钟的视频看下去。因此，在写短视频文案时，需要将重点前置。

在开篇写作技巧上，推荐三个常用套路：

提供价值点

在开篇将内容中会讲到的知识点、能提供的好处进行预告，比如博主骆王宇在《大娘护肤金字塔，一招搞定不买差》的开篇提道：

这张图，能让你未来 30 年，在买护肤品这件事情上，不浪费一分钱。

通过这句话，你会对视频产生一个期待。在这期视频里，博主将介绍一张

---

[1] 引用：https://finance.sina.com.cn/china/dfjj/2022-05-26/doc-imizmscu3488763.shtml。

图表，了解了这张图表里的知识，就能够帮助你在买护肤品这条路上少走弯路，从而实现省钱的目的。这句话，击中的就是那些不懂得如何挑选护肤品或者在护肤道路上花费了巨资的姐妹的痛点。

使用反问，引起关注

当人们被问到问题时，第一个反应就是去想如何回答。当你在视频开篇提出一个问题后，用户也会本能地想要回答。当他开始思考问题后，就会进入到你设计的语境里思考答案，将问题与自己联系，产生需求，进而想听到你对于问题的解答，自然就会往下看了。

比如博主鹤老师说经济在《短视频的未来，远超你的想象》中说开篇所问：

现在做短视频晚不晚？这么多人都在做，这么多人都在教，那说明它已经是红海了，那我进去还有机会吗？

首先，这句话讲出了很多自媒体新人及观望者的心声，大家都看到了短视频的机会，但是不确定是否要做，是否能做。然后，当作者用疑问句提出这个问题，用户也会跟着一起思考："是啊，短视频赛道已经是红海了，还能不能做呢？我也想知道……"于是，用户就会很期待作者从经济角度的解答，进而观看下去。

设置悬念，勾起好奇

伊恩·莱斯利在《好奇心》一书中，将好奇心作为除食物、性、庇护所之外，人类发展的第四驱动力。好奇是人类的本能。如果你在视频的开篇，设置一个悬念，成功勾起用户的好奇心，他一定会忍不住往下看。

5.2.2 主体：把握要点，内容落地

写完导语，接下来就是视频文案的主体部分。主体的写作，按照内容的发展逻辑和观点的递进展开即可。在写作主体部分时，有三个要点：一文一事、内容落地以及表达口语化。

一文一事

顾名思义，即一支视频只讲一件事。短视频之所以叫短视频，是因为时长

短，能够满足用户碎片化的内容消费需求。因此，在文案创作环节，尽可能克制自己的创作欲，把控视频整体时长，保证一支视频一篇脚本将一件事情说清楚即可。

我有个学员，他写了一篇关于腹式呼吸的脚本。这个脚本非常专业，从腹式呼吸是什么、腹式呼吸的动作要领以及练习频率，再到腹式呼吸的好处以及练习的注意事项等，完整地写在一篇文稿里。这篇文稿足足有2000字。

通常情况下，以一般语速进行口播，一分钟讲250个字左右，如果是一篇2000字的稿子，口播视频的时长预计需要8分钟。8分钟的视频，完播率是很低的。尤其对于新手来说，没有非常硬核的内容，长篇大论几乎等同于石沉大海。

如果将一支8分钟的视频拆成两到三期，每期只讲一个要点，每期时间只有2~3分钟，这样就能够大大提升视频的播放数据。

内容落地

在写文案时，走心非常重要。什么叫作走心呢？举个例子，你今天跟男朋友说肚子不舒服，他回复你多喝点儿热水，你会不会觉得男朋友在敷衍你？但是如果他说的是你去冲一杯红糖水，然后再贴个暖宝宝，这样的表述，多少会觉得他走心了。

同样的道理，在写文案时，如果泛泛地去聊一个话题，也同样会给用户不走心的感受。只有走心，才能引发共鸣，从而让内容被更多人认可。

我有一个学员，发给我一篇关于备孕的脚本。脚本中分享了备孕所需的饮食，比如备孕要多吃蔬菜、多吃水果、多吃海产品。我说这样的表达，看似没错，但其实是在说"有用的废话"。多吃蔬菜水果，是个常识，受众看到后会觉得"不用你说我也知道"，这样这个脚本就失败了。阐述一个话题想要受到更多人认可，就要把事情讲清楚、讲明白，要充分展现细节。比如备孕的姐妹要多吃菠菜，因为菠菜中叶绿素的含量比较高，还要多喝黑豆浆，因为黑豆浆含有植物激素，能够促进卵泡发育，有助于备孕。

经验方法讲得越细致，故事讲得越生动，用户就越容易被说服。所以在正文部分，你阐述方法、技巧、经验、心得时，一定要尽可能把内容的颗粒度做细。

表达口语化

文案最终是用于口播，这就需要像聊天一样把内容说出来，而不是像新闻联播似的讲解和说教。所以，在文案写作的环节需要避免过于书面化，尽可能用口语表达，以拉近与用户的距离。

我经常在写口播文案时使用讯飞输入法的语音转文字功能，直接把内容说出来，形成文稿，然后再去修改优化文字内容。这样不仅创作效率高，而且内容朗朗上口，便于口播。

5.2.3 结尾：塑造价值，引导互动

视频是线性呈现的，它不像文字和图片可以快速浏览和跳跃式阅读，也无法在第一次观看的时候直接定位到自己感兴趣的部分。当你已经有了一个成功的开篇，留住了受众，又通过硬核的内容让大家完成了持续阅读，那么我们此时该做的就是一个加分项——用心的、受众期待看到的或能让他们获得知识的结尾。

那些能够把视频看到结尾的用户，一定都是"真爱粉"。结尾写得好，不仅能提升视频价值，还能提升转粉率和互动率。在视频结尾处，可以做三个层次的内容设计：内容升华、价值定位以及互动引导。

内容升华，引发共鸣

一般写作时，会在结尾处对文章进行总结升华，让文章更有深度。这在文案写作中也同样适用。一个精彩的结尾，能够进一步引发用户共鸣，带来结束时刻的最佳体验。

价值定位，用一句 Slogan 介绍你自己

"我叫房琪不放弃"，这句话是拥有千万粉丝博主房琪的 Slogan。Slogan 包含着一个人对自己的定位，传递她的价值观，朗朗上口，让人一下子就能记住博主的特点。

当用户看完视频内容，觉得收获满满，感同身受，产生了共鸣，这时候你将一句很有力度的 Slogan 喊出来，会加强用户的印象和好感。用户也会因为这句 Slogan 在价值观上对你产生认同，进而关注你的账号。

互动引导，下达行动指令

在结尾处，还可以下达一个行动指令，引导用户点赞、收藏或者评论，提升视频的互动率和转粉率。比如："喜欢本期内容的伙伴记得点赞收藏，如果你对于某个话题有什么样的想法，欢迎在评论区给我留言。"

如果视频较长，有时也会把行动指令放在正文之前，预告本期内容有许多干货，可以点赞收藏，反复观看。

5.3　Vlog 视频分镜头脚本创作

Vlog 是 Video Blog 的缩写，
是视频博客的意思，可以理解成用视频写日记。
一支 Vlog，通常会由不同场景、不同画面构成。
因此 Vlog 脚本可以参考影视剧的分镜头脚本来创作。

分镜头脚本是把画面转化为文字的过程，脚本一般采用表格形式，设有镜号、景别、画面、文案、声音、时长等条目。

不同类型、不同规模的拍摄，分镜头脚本条目也有详有略。如果是电视剧或是电影拍摄，涉及的人员众多，舞台置景复杂，因此脚本条目非常多，除了上述内容外，还会包括演员调度、镜头运动、灯光效果、舞台效果等。日常 Vlog 或短视频的分镜头脚本涉及的条目相对少一些。

一个分镜头脚本至少包含三个核心要素：文案、场景画面、景别设计。这三者是视频制作的基础。在基础之上，可以根据拍摄需求补充拍摄角度、画面时长和声音设计等内容。

下文将详细介绍各个条目以及如何设计。

镜号	文案	画面	景别	声音	时长	备注
1						
2						

短视频分镜头脚本

5.3.1 构成脚本的七大核心元素

镜号

你如果在影视剧中有看到过拍摄现场的场景，一定对打板的动作印象深刻。每场戏开拍前，场记都会打一下板子，导演喊"action"，然后开拍。这个板子上通常会注明拍摄的影视剧名称，以及第几场戏的第几个镜头的第几次表演之类的内容，这就是我们所说的镜号。

一般一部影视剧的拍摄素材有成百上千条，跨越时间长，转换的场地也多。因此镜号可以帮助导演和剪辑快速定位到素材，以便后期剪辑。日常 Vlog 拍摄一般不需要复杂的镜号记录，可以把镜号理解为拍摄画面的编号，为拍摄顺序提供一个参考。

文案

文案在短片中的呈现方式有很多，常用到以下几种：同期声、旁白、字幕。

同期声指的是在拍摄视频时，同时收录画面中人物的声音，比如口播类的视频，文案由创作者对着镜头讲出来。

画面里没有出现人物在画面内说话的场景，文案通过单独的声音录制成音频，后期添加到视频中，这个就是旁白。旁白更加具有主观视角，创作者一般用第一人称的口吻进行表达。通常，旁白也叫作解说。不过解说更多是采取客观视角对画面中的内容进行解读，比如在纪录片中会大量使用解说。

有很多日常生活类的 Vlog，文案直接是用字幕的形式呈现的。这也是一种方式，适合节奏相对较慢的视频。

无论是哪种文案呈现方式，文案在脚本设计的阶段都要完整地写出来。如果一支片子中结合有多种文案呈现方式，也需要分别标注。

场景与画面

据权威解释，场景是指在一定的时间、空间（主要是空间）内发生的一定的任务行动或因人物关系所构成的具体生活画面。

场景可以理解为情景。一个场景里会包含时间、地点、人物、事件等元素。比如，雨夜（时间），张三（人物）一个人走在（事件）街头（地点）。

画面，是场景里的侧切面。比如，在上述场景里，我们可以找到的画面有雨中的城市、张三打伞的背影、张三忧郁的侧脸、疲惫的脚步等，可以有很多画面。不同的创作者，面对同一个场景，也会创作出不同的画面。

景别

景别是指主体在画面中所占的大小。常规是以成人为参考依据，来判断景别的大小。

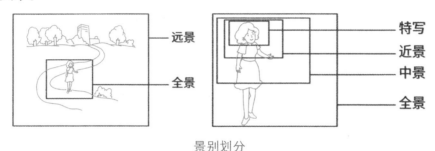

景别划分

远景：当人物主体占比小于画面的一半时，画面为远景。

全景：当人物主体在画面中完全展示，且占比大于画面一半时，画面为全景。

中景：人物在画面中露出膝盖以上的部分，画面为中景。

近景：人物在画面中露出腰部以上的部分，画面为近景。

特写：人物在画面中露出肩部以上的部分或者物体细节，画面为特写。

景别划分参考的是比例，并不是非常严格的公式。在拍摄实践过程中，大远景和远景、近景和中景、特写和大特写都是相对的，界限比较模糊，没有非常严格的区分标准，所以不用较真。创作者只需要在拍摄的时候根据画面需要，用不同景别区分开就可以。

一个场景的拍摄需要一组不同景别的画面构成，不同的景别在画面中起着不同的叙事作用。关于景别的详细讲解在后文中会逐步展开。

声音

视频被称作视听语言，视是指画面，听是指声音。很多人会忽视声音在视频中的作用。其实，声音也是视频的重要组成部分，作者往往可以通过声音的设计让画面更有代入感。

声音包括两部分，即音乐和音效。在脚本阶段，需要对视频的整体风格有大概的构思，可以提前找到与风格匹配的音乐。同时，要将画面中需要的音效提前设计好，比如户外的虫鸣鸟叫，做饭时油炸的滋啦声等，并在声音这一栏标注清楚，以免拍摄时遗漏。

时长

把握时长，可以提前计划好镜头的拍摄量。

在日常生活类 Vlog 里，画面节奏相对缓慢，通常每个画面的时长是 2~3 秒，如果要拍摄 1 分钟的视频，那至少要拍摄 20 个有效镜头。同理可推算，如果拍摄 3 分钟的视频，至少要拍摄 60 个有效镜头。

如果是有旁白的视频，一般正常语速下 1 秒中可以讲 3~4 个字，一篇 100 字的脚本至少需要 25 秒的画面作为支撑，如果加上中间断句所占用的时长，大约需要 30 秒的画面，也就是至少 10 个有效镜头。当然，每个人讲话的语速不一样，创作者也可以自己先测试一下。

所以，我们可以根据文案长度，大致了解需要匹配的画面数量，同时也能够计算出整支视频的长度，以便进行删减或者补充。

5.3.2 Vlog 脚本写作的流程

脚本写作的总体思路是先确定文案，再根据文案去匹配画面。拆解出来，大致包含五个步骤：明确主题、搭建框架、细化文案、选择场景、设计分镜。

明确主题

每支视频，无论长短，都需要一个主题。布莱克·斯奈德在《救猫咪：电影编剧指南》中介绍过，在好莱坞，编剧兜售自己的剧本时，也需要准备一句话故事或者一句话简介，用一句话把剧本的故事讲出来。毕竟导演和制片人没有时间仔细阅读剧情，如果不能用一句话就引起他们的兴趣，可能就会失去一次机会。

同样，一支 3 分钟或者 30 分钟的 Vlog，如果缺少一个主题，不仅会导致创作的内容杂乱，更会因为缺少逻辑或重点而失去观众。

那么，如何给 Vlog 定主题呢？

首先，考虑一下这期 Vlog 是关于什么的，也就是你将要做些什么。是记录校园生活的一天，还是和闺密进行一次美食探店，又或者和恋人来一场浪漫旅行？

有了行动指南之后，再进一步考虑，通过这次记录，我想传达什么。Vlog 的底层逻辑，是提供观看者一个美好生活的样板。用户喜欢看 Vlog，也是喜欢 Vlog 中博主的生活方式。所以创作者在策划主题时，可以考虑一下，视频要从哪个层面传递价值。

通过诱人的美食调动大家的胃口？

通过有品位的居家环境让人感到放松和治愈？

通过讲述自己的想法引发大家的共鸣，提供情感需求？

搭建框架

有了主题之后，下一步就要进行脚本框架的搭建。Vlog 是日常生活的记录，日常生活又相对琐碎。因此，在构建视频时，需要根据主题设计内容框架。不同类型的 Vlog 的框架也不尽相同。

1. 干货知识类 Vlog 脚本结构

干货知识类脚本的创作套路：解决某个特定群体在特定场景下的特定需求。

《一个人在家如何用手机拍摄 Vlog》是我转型做 Vlog 教学垂直内容后发布的第一篇视频笔记。发布后，点赞很快上千，成为一篇爆款。以这篇笔记为例，"一个人"是特定人群，"在家"是特定的场景，"用手机拍摄 Vlog"是特定需求。同类的爆款笔记还有《如何利用下班的 2 小时做副业》《敏感肌肤在晒后如何进行修复》等。

在创作干货知识类 Vlog 时，需要把握两点：用户痛点和场景呈现。找到具体场景里会发生的具体问题，会让内容更加有代入感。

2. 故事类 Vlog 脚本框架

故事是什么？在 YouTube 上有个博主，叫 Casey Neistat，他被网友封为"Vlog 之父"，引领了 Vlog 的潮流。很多博主都在模仿他的拍摄技巧和风格。有一次他在一篇 Vlog 里面讲述了自己创作的方法："Vlog 不应该用来记录你的全部日常，它不是日记。Vlog 的核心同样应该是故事，而故事就应该有开始、冲突和结局。"所以，他保证绝不向大家分享他每天生活的点滴，而是努力去发现有没有符合上述三要素的故事。

故事的最小单元：发展、冲突、结局。

我们常说，讲故事要讲事情的起因、经过、结果。在这个思路的指导下，有的故事讲完让大家拍手叫绝，有些故事则让人觉得索然无味。其中很重要的一个原因就是在讲述故事时剧情是否跌宕起伏，是否具有足够的冲突。一个故事是否精彩，就在于冲突是否足够有张力、足够震撼。

冲突是故事的核心。为了能够让用户在第一时间就被故事吸引，在创作时甚至可以把冲突前置，形成"冲突—发展—结局"的结构。

这里的冲突是文学意义上的冲突，不是指两个人发生争吵斗殴。它可以是你计划外的一些状况，你在做某件事情的过程中实际遇到的困难。它甚至可以不是一个实实在在的事情，而是你自己内心的斗争，你和家人的意见不合，你对社会普遍价值观的不认同等。我们可以通过人为的设计去制造一些冲突，比如在视频里面设置悬念，制造一些反转剧情等。

博主皮皮在蓝色星球有一支高赞视频，开篇的第一句话是："作为一个旅行博主，其实有时候我又不想旅行。"作为旅行博主却不想旅行，这就是人为设计了一个冲突，让用户一上来就产生好奇和继续探究的兴趣。"你不是旅行博主吗？怎么不想旅行了呢？"接着，她在视频中娓娓道来，之所以自己有时不想旅行，是因为她为了呈现旅途中精彩的故事，就不得不放弃一些自己很喜欢但可能没有故事的旅行地。紧接着，通过一段描述后，她又说道，虽然如此，但是她还是出发了，并且在出发后又获得了新的能量。

当你的视频中没有一个很完整的故事去讲述的时候，可以利用故事的最小单元设计冲突，让内容更加丰富精彩。

3. 日常生活类 Vlog 脚本结构

在着手策划日常 Vlog 前，需要建立这样一个认知：日常生活类的 Vlog，不能仅仅记录日常生活。作为普通人，我们的生活都是平淡且相似的，大多数人的一天都是起床吃饭、上班下班、回家睡觉这样的流程。如果在画面上无法给到受众新鲜感，表达又风趣不起来，那么没有人愿意看你的生活。因此，需要在流水账般的日常记录之上，提供一个话题或者观点，并且在开篇时就抛出来。

这类 Vlog 脚本由两部分构成，一部分是主题和观点阐述，另一部分就是日常生活片段。在写作的时候要先写好观点的框架，再把日常生活的部分穿插进来。

日常生活 Vlog 结构为"抛出观点—阐述原因—解决方案—结尾升华"。

在 Vlog 的开篇，先用一个问题把你的主题抛出来，可以用问句的形式，比如：你最近一次崩溃是什么时候？你这辈子最遗憾的事是什么？30 岁不结婚，怎么了？这样能够和观众产生互动感，让观众产生代入感。

说完故事，再针对这件事，说一下你的观点。一般情况下，这个观点和传统的观念或者大众常规的理解或许不完全一致，要带着你自己的思考与反思。

在陈述完你的想法后，可以进行总结升华。

在日常 Vlog 里，画面和文案不要求完全匹配。而且我们有时候看一些 Vlog，会发现图文不符，文案和脚本的关联度不是特别大。所以同样的文案，也可以匹配不同的画面。

细化文案

搭建完框架后，下一步就是细化文案，在此就不赘述了。

选择场景

在设计场景和画面的时候，场景无须过多，但是画面要尽可能丰富。日常 Vlog，根据篇幅，设计三到五个场景就可以了。

有两个方式可以设计场景。第一，按照时间顺序去设计场景。比如，你想讲述晨间的日常，那场景的选择就可以根据早上起床后的安排来设计。比如"起床—锻炼—洗漱—吃早饭"这个流程，那对应就可以选择"在卧室起床—在阳台踩跑步机—在卫生间洗漱化妆—在餐厅吃早饭"作为拍摄的场景。

第二，按照事件节点来设计场景。当你的视频主题和内容在时间上不具有延续性时，就可以根据主题去设计场景。比如，我们想表达自律这个主题，就可以选择三个左右坚持自律的场景。晨间锻炼、书店看书以及自己制作轻食晚餐，这三个活动看似没有关联，其实都是在讲自律。锻炼是身材管理；看书是学习知识，奋发向上；轻食晚餐是饮食管理。这三项活动都是从自律这个主题延伸出来的内容。

设计分镜

分镜是把一个场景拆分出来，拆分成不同的画面。

比如，在吃早饭这个场景里，可以设计五个分镜：

①全景，把麦片和牛奶拿到桌子上；

②近景，把牛奶倒入麦片里；

③特写，用勺子搅拌麦片；

④特写，吃一口麦片；

⑤近景，继续吃麦片。

在进行分镜设计的时候，一般会把景别也确定下来。在场景里面设计分镜，有三个技巧。

第一，根据环境中出现的不同主体进行拆分。比如一个餐厅的场景，可以拆分的主体有餐桌、椅子、食物、人等。在这个餐厅里面出现的任何物体都可以作为一个单独主体，我们可以给每一个主体都设计一个分镜头。根据这种设计拍摄出的画面就会很丰富。

第二，按照操作步骤进行拆分。比如拍摄护肤的场景，通常会有以下一连串动作：第一个动作，把护肤品拿起来倒在手心；第二个动作，在手心里揉搓；第三个动作，轻轻拍在脸上。这三个动作就是按照操作步骤来拆分的。

拆解动作在美食 Vlog 里面经常会用到，制作美食就是一个操作步骤非常多的场景。同时需要注意的是，在进行动作拆分的时候，需要考虑到片子的时长和节奏。如果时长有限或者节奏较快，那就不适合把一个事情拆分得特别细致，而是应该有所取舍，以匹配视频篇幅和节奏需要。

第三，寻找主体之间的关系。这种分镜设计的方式是建立在前两个技巧之上的。你在画面中找到主体或者动作之后，还可以进一步挖掘主体和主体之间的关系。比如前后景关系、变焦关系或者遮挡出现的关系。主体或虚实的变化会给画面增添一些动感。

进行分镜设计时，如果把握不好景别的搭配，可以按照"123 原则"来设计。在拍摄一个场景的时候，要有一个全景、两个中近景和三个特写。这里的"123"只是大概的比例，不是唯一的标准。也可以根据现场情况，拍五个中近景或八个特写，拍摄多少个画面根据所需要的镜头数量以及能够被拍摄的素材量来决定。

"123 原则"需要把握的核心思路是：景别越小，拍摄的画面数量要越多。介绍环境的全景，一个场景只需要一到两个就够了；但是介绍人物与环境关系的中近景还有提供细节信息的特写，要尽可能多拍。

5.4　如何避免流水账式脚本

5.4.1　引发共鸣

引发共鸣是强化内容价值最有效的方式。通过你的价值观、思想、经历、审美等情感输出，让观众产生共鸣。

比如全职妈妈的时间管理，独居生活如何过得充实，再比如如何利用下班时间自我提升，花了很多钱才知道这样买东西最划算等。这些话题都是用户关注得比较多的话题。

需要注意的是，我们要尽可能传递正能量。不要在你的视频里充斥太多抱怨、唠叨和负面的情绪。大家的生活已经挺不容易了，来看别人 Vlog 就是想从中找到一些力量和温暖，给自己打打气。如果只是一味 emo，那么只能引发"无效共鸣"，让受众没有良性互动的欲望。

5.4.2 贴标签，打造差异化

当你看到一些数据比较好的 Vlog，或者粉丝量很高的博主，可能会觉得奇怪，他的内容好像平平无奇，文案上似乎也很普通，都是简单琐碎的日常，为什么他的关注度如此之高？

一支爆款视频，如果内容本身没能引发共鸣，没能使人产生思考，那么博主一定有他独特的地方：或者是他的生活方式不一样，或者是他的生活环境不一样。这些都可以归纳到差异化里。

比如在小红书 Vlog 榜单中，经常上榜的博主慈妈生活家，她的 Vlog 内容就是分享自己作为主妇的日常。这些日常平平无奇，无非是做饭、打扫卫生、摆弄花草等。但是她的 Vlog 多次上榜，让我也不由得好奇起来。仔细去翻看她的内容和评论后发现，她的家庭条件特别好，住着面积 400 平方米的别墅。网友都觉得家庭条件这么好，应该找阿姨来做这些家务，为什么女主人要自己辛辛苦苦起早做饭，自己收拾卫生？因此在评论区引发了大量的讨论。而且，通过 Vlog 可以感受到博主是一个非常热爱生活、享受主妇这一身份的人，从她的日常中总是能够感受到她对生活的热爱。因此，这样一个具有反差但又真实可爱的博主受到了如此之多的关注。

创作者越来越多，如何让别人在茫茫人海中一下子就记住你？辨识度非常重要，而打造辨识度的技巧就是给自己贴标签。

我有个学员，是生活在丹麦的三个混血宝宝的妈妈，她的标签就非常清晰："海外""三胎""混血宝宝"。如果你很自律，每天都是晚间 10 点前睡觉，早晨 5 点起床，你可以把"自律"作为自己的标签；如果你经营着创业项目，收入可观，时间自由，年纪轻轻存款几位数，就可以把"创业"作为自己的标签。

每个人都有与众不同的点，我们不用成为某个领域的专家，如果你在某一方面做得比别人好一些，那就可以作为你的相对优势，成为标签。而且当我们给自己找到一个差异化的标签后，这个标签就是内容主题，脚本可以围绕这个主题展开。

比如，我的标签是"导演姐姐"，那我就会经常分享拍摄剪辑技巧，我的

Vlog 也会分享我的拍摄日常和拍摄中有趣的事。如果你的标签是"自律"，再具体一点是"早起"，那你的内容就可以记录你每天早起后的安排。有了标签，Vlog 的内容顺理成章就出来了。

5.4.3　利用故事元素丰富 Vlog

就像前文讲到的故事型 Vlog 的创作方法一样，可以在 Vlog 里加入一些故事的元素，让用户看你的日常就像看小说一样。这样你的 Vlog 就会很有意思。

悬念和反转一般不会发生在日常生活中，但你可以通过策划，通过讲故事的手法，或者说是转变你的叙述方式，营造悬念或反转。

没有人会拒绝故事。

5.5　如何快速掌握脚本创作技能

对于新手来说，最快的学习就是模仿。在所有影视专业课的学习里，老师都会布置一个作业：拉片。

拉片就是把别人视频的脚本给扒出来。这是一项非常笨拙但又非常有效的做法，也是每一位学习影视制作学生的必修课。

我刚参加工作时，在实习阶段，老师就让我们去拉片。纪录片都很长，一支片子短则 20 分钟，长则 1 个多小时，有时候拉一支片子要好几天。但是当我硬着头皮拉完几支片子后，突然有一天，有了一种顿悟的感觉，有那么一瞬间感觉自己对纪录片的创作好像了然于胸。这就是拉片的魅力。

如果你现在对于脚本写作还是一头雾水，不妨也来试一下拉片。

5.5.1　五步拉片法

拉片的具体操作，是将一支片子的每一个细节拆解出来。一个镜头一个镜头地分析，拆解文案、画面、打光、走位、运镜、声音、转场等。每支优秀的片子都是由无数个细节构成的。

这里分享一个适合新手的拉片方法，一共有五步：

去感受

先不去考虑视频中画面的拍摄细节，先把片子整体看一遍，去感受片子所传达的主题、情绪以及风格，然后把关键词写下来。

拆文案

把视频中的文案摘抄出来，并按照前文讲到的写文案的方法进行拆解，弄清楚它的结构是什么，它是如何设置悬念的，等等。

拉镜头

把视频放到剪辑线上，依次分析每一个镜头，去分析画面的景别、拍摄角度、构图以及画面中人物的动作。

看转场

进一步去分析镜头间的转场是如何完成的。

听声音

分析片子里声音的构成，背景音乐是什么，从哪里开始，到哪里结束，两段声音之间如何过渡，以及在片子中用到了哪些音效等。

基本做完以上五个动作后，我们就算把一支片子从头到尾非常细致地拆解完了，也就复原了这支片子的拍摄脚本。通过拉片，我们能够了解到整个片子的主题是什么，以及为了表现这个主题作者如何在文案和画面上进行构建。

其实，拉片拉到什么程度是没有标准的。在五步拉片法的基础上，我们还可以进一步去分析视频中的光线、色彩、字幕包装等。分析得越细致，对于片子的把握就会越深刻。

5.5.2 脚本思维比脚本更重要

脚本是一切有目的拍摄的基础，它指导着视频制作的各个环节。学完了脚本的写作方法和技巧，并不代表拍摄就万无一失了。即便你准备得非常周到，在拍摄现场也还会遇到一些意外，尤其是在户外拍摄，可能天气不好，可能车子临时抛锚等。所以除了脚本写作之外，还要培养脚本思维。脚本思维让我们无论遇到任何意外状况，都能够临危不乱，按照预期完成拍摄。

培养脚本思维有如下四个方法：

明确拍摄的主题

在每次拍摄前都要有一个明确的主题，同时我们要了解如何围绕主题展开叙事线索。如果某一个场景或者画面没有拍到，可以根据主题线索找到可替代的拍摄方案。

构思好一定要拍到的场景和画面

一般在拍摄时，会允许有 20% 左右的偏差。脚本中 80% 是一定要把握住的，20% 可以在现场发挥。这 80% 的画面，也分为一定要拍到的画面、补充性的画面以及能够带来加分项的画面。在拍摄的时候先确保一定要拍摄到的画面拍完，然后再去捕捉补充性的画面，最后再根据现场情况，拍摄能够带来加分项的画面。

所有的场景都要成组拍摄

我们常常说，要带着后期思维去拍摄。没有后期思维的拍摄，会导致拍了一堆素材却很难剪到一起的情况，既浪费时间又打击积极性。这个需要在拍摄时就想好画面之间如何衔接。解决这个问题的一个最简单方法就是镜头成组拍摄，还记得前面讲到的"123 原则"吗？

如果每个场景都能够拍摄一组不同景别的画面，在后期剪辑时就不会出现无法衔接的问题。一组镜头能够构建一个完整的场景叙述，这组叙述放在剪辑线上任何环节，都能够衔接流畅。

如果拍摄的画面是运动的，还需要在拍摄时就想好前后两个运动镜头的衔接。

给你的 Vlog 找到一个参考

在拍摄经验还不是很丰富的时候，我一般都会在拍摄前准备一些参考视频。一方面便于跟摄像沟通自己想要的画面风格，另外一方面，当遇到突发情况时，能够看看别人的片子里有哪些处理方法，快速获取一些灵感，帮助我找到一些替代的拍摄方案，不至于在拍摄现场抓瞎。

第六章

画面基础：
视听语言的语法

当你开始拍视频的时候，通常会面临以下问题：我要站在哪里，相机架多高，镜头要框多大范围，画面里需要包含哪些内容，以及拍摄的时候是否要动起来、怎么动等。解决这些问题，需要掌握画面语言的基础知识。

本章主要介绍画面的构成以及影响画面的关键因素。掌握了这些画面语言的基础知识，拍摄时才能游刃有余。

6.1　影响画面美感的三个元素

影响画面美感的因素有构图、光线、色彩等。
光线和色彩的部分，在后文实操中我们会结合具体场景进行
介绍。本小节从基础的画面拍摄技巧入手，
讲解如何能把一个场景拍好看。

6.1.1　构建主体思维

在日常生活中，我们经常会看到"一镜到底"的拍摄方式。

在一个景点前面，人们拿起手机，从左到右或者从上到下来回扫，将场景

中的人和物都囊括在画面里。虽然画面涵盖的元素很多，内容很全，但画面缺乏美感。你可以拿出手机翻翻相册，是不是自己也这样拍过？

让画面具有美感，首先要建立主体思维。主体思维，就是在场景中进行元素拆分，找到一个个单独的人或物，把它当作每个独立画面中被拍摄的主体。

在下面的这两个画面里，位于上方的是一个全景画面，画面中有非常多的元素。虽然全，但稍显杂乱，不能快速把握画面重点。将场景进行拆分后，我们可以找到被拍摄主体，也就是人。重新构图，变成下方的画面，画面构图舒适，主体突出。

稍显杂乱的全景画面

主体突出的画面

主体是所有拍摄的基础。在拍摄时，需要先在杂乱的场景中找到一个或多个主体，然后再根据主体的形态以及位置关系等选择拍摄角度，重新构图并设计画面运动。

每多拆分出一个主体，就能多设计一条镜头。原本只有一个全景的画面，经过拆分，可以获得一组不同景别、不同角度的镜头组，不仅画面更有美感，画面的数量也足够多，不会出现场景内容丰富却不知道拍什么的困惑。

不同景别不同角度的镜头组

6.1.2 常用构图方法

构图，是在按下快门之前，如何安排场景中各个元素的位置的艺术。通过构图可以帮助视频更准确地叙事，更恰当地突出主体，同时提升画面美感。

关于好照片的标准，《美国纽约摄影学院摄影教材》中提出了三个原则：

①一张好照片要有一个鲜明的主题；

②一张好照片必须能把注意力引向被摄主体；

③一张好照片必须画面简洁。

图片是视频的基础，好看的视频画面也应当符合上述三个原则，所以我们在构图时需要有以下四步操作：

①确定拍摄主体；

②确定画面中出现的元素，让画面尽量简洁；

③对画面中的元素进行合理布局，让画面均衡，主体突出；

④按下快门拍摄。

构图的核心——做减法。

做减法，是构图的核心方法，也是构图最简单的方式。确定拍摄主体后，我们要尽可能将影响主体的元素都排除在镜头之外，从而将观众的视线引向被拍摄的主体。这样既可以获得一个干净简洁的画面，还能够让主体突出明确，从而进一步叙事，表达主题。

同时，一个简洁的画面，因为不受多余元素的影响，主体元素在镜头里更容易"排兵布阵"，从而得到一个平衡舒适的画面，更具有美感。所以，当你在构图没有思路时，可以先尝试给画面做减法。

常用构图方法有以下几种：

中心构图

中心构图是一种非常简洁的画面构图方式。

当画面中只有一个主体的时候，将主体放在画面中央，便形成了中心构图。中心构图可以聚集视线，突出主体。

中心构图

中心构图适用于任意主体的拍摄，静物、美食、人像等。尤其是在展现建筑全貌与人物情绪时，更加得心应手。

中心构图拍摄建筑，将建筑全部或者局部放在画面中心，从而会产生上下或者左右的对称感，给画面带来平衡且庄重严肃的感觉。

中心构图拍人物，尤其是拍摄正面，能够让主人公与观众产生直接的交流与对话，让观众感受到人物传递的情绪内容。在口播类视频中，居中坐于镜头前，可以与观众产生对话感。

中心构图在电影中也经常会用到，比如美国导演韦斯·安德森就是一位中心构图、对称构图的狂热分子，在他的作品中，几乎全部使用中心构图、对称构图进行拍摄，大家熟知的作品有《布达佩斯大饭店》《月升王国》等。通过大量运用中心构图、对称构图，影片呈现出一种形式美感和鲜明的个人风格。

在我们日常生活内容拍摄时，因为缺少变化的拍摄场景，以及没有足够多的拍摄角度选择，比如无法拍摄较大景别的俯拍镜头，从而导致过多使用中心构图使得视频画面看上去过于单调。所以，在中心构图的基础上，我们还可以通过适当调整主体位置，给画面带来一些变化。

三分法构图

三分法构图是一种较为简单但能让画面生动起来的万能构图方法。

三分法构图，又叫九宫格构图法。进行三分法构图时，打开相机的九宫格辅助线，把主体放在任意两条线的交点位置，也就是画面的三分点上即可。

三分法构图

这种构图方法，其实就是将中心构图中的主体向左或者向右稍微挪了下位置，就会避免主体居中而产生的呆板感。

三分法构图的应用十分广泛，适用于任何题材的拍摄。

对角线构图

在一个画面里，如果只有一个孤零零的主体，会显得有些单调，缺少层次，而且日常生活中很少有单独放置的物品和空旷的空间。这个时候，可以在主体的周围放置一些物品，来衬托主体，辅助画面构图，让画面更丰满更立体。

这些用来烘托主体的物品，被称作陪体。设计陪体时，有两个原则：

第一，陪体需要跟主体相关。以美食拍摄举例：一碗面是主体，那陪体就需要跟面相关，可以是一碟调料、一份小菜或者一杯饮料，这些都是日常吃面时会用到的东西。如果在面的旁边放一盏灯，放一个玩偶，就会显得有些奇怪。

第二，不要让陪体抢占主体的风头。从大小的选择和位置的摆放上都需要有所注意。陪体不宜过大，在画面中的位置也不宜过于抢眼。

当画面中有两样物体的时候，对角线构图是个不错的选择。

构图讲究画面的平衡。将两样物体放在对角线上，可以让主体和陪体在画面中有前有后、有大有小，产生主次平衡的画面效果。

如果画面中有线条，可以将线条沿着画面的对角线展开，形成对角线构图。

对角线构图

三角形构图

当画面中有三样物体的时候，可以采用三角形构图。

三角形构图

　　三角形构图法是静物美食摄影中最常用的构图法之一。在几何图形中，三角形的结构最稳定，当画面元素以三角形排列时，可以呈现出一种平衡美感，同时又能很好地填满图像，不会显得杂乱。

　　当画面中有多个物体时，还可以通过构建多个三角形或者三角形与其他构图方式结合的形式进行构图。

　　比如在拍摄食物的时候，如果品类数量比较多，可以先在一个盘子里放三样食物，形成三角形构图，然后把盘子作为一个整体，在画面中进行第二轮构图。

三角形构图与其他构图方式结合

在构图时，主体之间的距离尽量有疏有密，错落有致。让构图富于变化。

水平构图

很多视频开篇，都以一组空镜开场，环境画面可以帮助观众构建故事发生的背景信息，如时间、地点、氛围等。所以在拍摄时，记得拍摄一组环境镜头。

拍摄环境时，如城市风景、自然环境等，就需要用到水平构图了。

水平构图就是让拍摄主体水平呈现在画面里。如果画面中有地平线，尽量将地平线放在画面的上下三分之一或四分之一的位置上。避免将一幅画面被线条等分成上下两部分，否则画面会显得呆板且单调。

地平线水平构图

除了受地平线影响的风光拍摄外，在居家日常拍摄中，也需要确保画面横平竖直。判断画面是否水平有两个方法：

第一，如果画面中有现成的线条，如桌边线或者墙边线，就让这个线条与画面的上下两条边保持平行。

桌边线水平构图

第二，如果画面中没有可以辅助判断的线条，也可以在画面中找到一个圆，让圆形的直径和画面上下两条边水平，那么画面也是水平的。

辅助线水平构图

框架构图

拍摄时经常会遇到场景杂乱影响画面构图的情况，尤其是拍摄家居场景，空间小、物品多，这个时候可以尝试使用框架构图。

框架构图指的是利用物体，比如门框、窗户框、柱子等，给画面的前景设计一个框，透过框去拍摄主体。

框架构图

框架构图不仅可以遮挡场景中的杂乱部分，呈现一个干净整洁的构图效果，还可以增加画面的层次感，强化主体元素。

视频中如何实现动态构图？视频拍摄与照片拍摄不同。照片是静态的，设计好构图直接按快门就可以；视频是动态的，因此构图也在动态中完成。

一个运动镜头由三部分构成：起幅、镜头运动、落幅。

起幅：镜头运动开始前停留的几秒画面。

镜头运动：镜头或画面中主体的运动过程。

落幅：镜头运动结束后定格的画面。

前面讲到构图的几种方式，在视频中的运用，就是通过起幅和落幅来实现的。

具体操作就是在拍摄前，先设计好起幅的构图、画面物体的运动方向和距离，以及落幅的构图，然后再开机拍摄。

因为镜头最后停留在落幅上，观众的注意力也集中在落幅上，所以应当把构图的重点放在画面的落幅。

比如一个画面，起幅是前景遮挡，通过运动，慢慢展现后景中的主体，等到完成画面的最终构图后，镜头停下来，最终定格的画面就是落幅。

如果是定机位拍摄，镜头不动，画面中有人或物体运动，也是同样的设计思路。先在画面中设计好落幅的构图，锁定主体的焦点，然后拿走其中运动的主体，点击拍摄。拍摄时，按照原计划的运动轨迹，把主体放到设计好的位置上。

比如一个喝茶的场景，动作是把茶杯放到桌子上。那拍摄时的操作就是先把茶杯放在画面里，调整好相机的位置以及画面构图，锁定焦点在茶杯上，然后把茶杯拿走，开始拍摄。拍摄时，再把茶杯按照设计好的轨迹放到焦点所在的位置上，这样一条放茶杯的镜头就完成了。

有的视频里运动镜头起幅落幅不是很明显，这是因为在剪辑的时候，为了让前后画面衔接更流畅，将起幅落幅剪掉了。但无论在成片中是否能将起幅落幅用上，在拍摄过程中，对起幅落幅的设计步骤都不能少。

如果想更清晰地了解画面构图和镜头运动，可以观看随书附带的视频课程。

6.1.3 常用拍摄角度

画面的构图和拍摄角度是密不可分的，在构图的同时，也要考虑画面的拍摄角度。不同角度拍摄的画面会得到不同的画面信息和构图效果。

新手总是苦恼找不到好看的拍摄角度，因为他们不了解什么角度适用什么场景。只有了解了画面各种角度的适用场景，在拍摄时才能迅速做出正确的判断。

拍摄角度包括两部分：垂直角度和水平角度。垂直角度是指相机拍摄方向与被拍摄主体的夹角，包括平拍、斜拍、俯拍、仰拍四大角度；水平角度是指相机与被拍摄主体的方位关系，包含正面、侧面、斜侧、背面四大方位。

垂直角度

当镜头和被摄物体处于同一水平高度时就是平拍角度。

平拍角度拍摄又称为水平拍摄。水平拍摄时，可以让被拍摄主体显得更高更立体，而且能够充分展示被拍摄主体侧面的内容，适合拍摄具有一定高度的主体。比如美食拍摄中的汉堡、蛋糕、杯子等。相反，扁平的主体不适合用平拍角度去拍。

平拍的水杯

如果拍摄主体一面好看、一面不好看，用平拍的方式也可以巧妙规避掉不好看的部分。

水平拍摄时，背景会完整展现在画面里，所以一定要注意背景的干净整洁，不要影响到画面的构图。

当镜头拍摄方向与被拍摄主体夹角为90度时就是俯拍角度。

俯拍角度是一种非常规观看视角，可以给画面带来一定的视觉冲击力。比如我担任导演之一的纪录片《航拍中国》里，所有画面都是俯拍，用上帝视角鸟瞰城市人文和自然风光，视觉冲击力极强。

在日常生活中，俯拍角度适合拍摄一些顶部形状比较有特色或者比较扁平的主体，以便更好地展现其顶部的内容。比如拍摄比萨时，使用俯拍的视角更能够完整展现它的形态和其上的丰富食材。

俯拍的美食

另外，当画面中人和物比较多的时候，比如朋友聚会、年夜饭这类场景，使用俯拍视角也能够表现场景的丰富性。

当镜头与被拍摄主体形成夹角时就是斜拍角度。

我们常用的斜拍角度有30度、45度和60度。这里的角度是一个大概的范围，拍摄的时候允许有一些误差。

斜拍的桌面

45 度是最常用的斜拍角度，它比较接近人眼观察桌面物体的视觉角度，符合人们的日常观看习惯。拍摄时，如果没有特别好的角度思路，不妨就使用 45 度角。

也可以把镜头降低一些到 30 度左右，更多地展现画面前后景内容，丰富画面层次。

把镜头抬高到 60 度左右，可以规避主体以外的其他元素或者环境信息，让画面更加聚焦主体。

平拍只能展示主体的一个侧面，俯拍只能看到主体的顶部，而在斜拍画面中，不仅能够看到主体的基本样貌，还可以展现主体所处的环境，让画面更加有故事性。

当镜头的拍摄方向低于被拍摄物体所在水平线，呈现从下往上拍的趋势时，就是仰视角度。

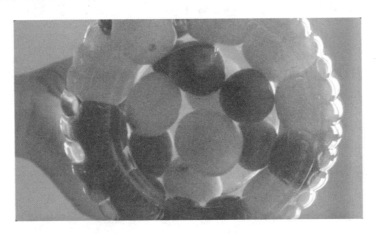

仰拍的果盘

当我们拍摄室外环境，比如蓝天白云、高楼大厦或者门店招牌等，都会使用仰拍的角度。

仰拍能够展现主体的高大威猛。电影中表现英雄人物，经常使用仰拍的角度，以表现其高大形象。

拍摄方位

正面拍摄，是常规会用到的拍摄方式。从正面拍摄会让画面产生一种隆重庄严的感觉，画面相对来说比较正式。比如拍摄建筑、人物等。

拍摄人物的时候，从正面拍可以更完整地展现人物表情，使人物能很好地与观众产生直接的交流。

相对于正面拍摄，侧面拍摄是一个相对客观的拍摄方式，能够让观众像旁观者一样，去观察人物所处的环境、人物的状态和情绪。

侧面拍摄

侧面角度在日常生活中运用得也非常多，它可以把人的轮廓拍摄得更加立体。

斜侧一般在拍摄对话镜头的时候经常会用到。它可以同时表现拍摄对象前斜侧或后斜侧的特征，展现主体的立体形态。

斜侧拍摄

那些拍摄日常 Vlog，尤其是不露脸的博主，经常会用到斜侧角度，可以是前斜侧，也可以是后斜侧。

背面拍摄，会带来神秘感，从而引发观众的好奇心。

背面拍摄

这里需要注意的是，画面中每一个元素都不是孤立的，拍摄角度所带来的画面效果还要结合拍摄距离、画面景别、画面构图等综合考虑，整体呈现出统一的视觉效果。

新手拍摄把握不准用哪个角度时，可以绕着被摄物体走一圈，观察被摄物体的形状、高度、大小、质感等，从相机的画面里感受一下不同角度拍摄出来的效果如何，再选择最佳角度拍摄。

6.2　通过景别叙事的三个层次

> 景别，是指被拍摄主体在画面中占比的大小。
> 在视频中使用不同景别的主体元素，
> 不仅是为了增加画面的丰富性，
> 更是为了增加画面叙事的层次。

6.2.1 远景：故事背景与环境

当人物高度小于或等于画面的四分之一时，画面为大远景。大远景能够充分展示被拍摄主体所处的环境，多用于表现辽阔广袤的自然景色。

当人物高度介于画面的四分之一到二分之一之间时，画面为远景。远景在视频中的主要作用是介绍环境信息以及营造整体环境氛围。

一般视频开篇或者结尾会使用大远景或远景，比如在李子柒的视频中，有大量的远景画面来展现其生活的环境，展现人物在画面中的状态，营造出乡野生活的静谧氛围。

远景包含的场景较大，画面中呈现的元素也较丰富。画面提供的信息量虽然大，但不够细致，只能展示氛围，看不清细节。

比如在纪录片《航拍中国》中，画面基本上都是远景，一集 40 分钟的片子如果只有远景画面而缺少细节，对丁观众来说多少会觉得枯燥，所以在文稿的创作上，我们就加入了很多故事作为细节来补充画面，以便让观众们看得明白，听着有趣。

6.2.2 全中近景：人物与场景关系

当画面中出现人物全身形象且人物的高度大于画面的一半时，画面为全景。全景画面在视频中的作用类似于写作文时的概述，主要用于交代人物全身或场景的全貌。

全景拍摄

当人物在画面中出现膝盖以上形象时，画面为中景。中景相对于全景来说，人物在画面中比例更大了一些，从而可以让观众进一步了解画面中人和人，或人和物的关系。

中景拍摄

当人物在画面中出现腰部以上形象时，画面为近景。近景能够提供更多的信息量，它让我们更加近距离地去观察人物的神态，甚至是五官的细微变化。

近景拍摄

6.2.3 特写：交代细节

　　画面中出现人物肩部以上形象或被摄主体的局部时，画面为特写。特写能够非常清晰准确地提供细节信息。好的特写镜头，能够引起观众强烈的视觉冲击和情感共鸣，比如感动的眼神、粗糙的双手以及冒着汁水的美食等。

　　从下方这组特写镜头中我们能够清晰感受到美食的光泽与肌理，这让食物看上去非常诱人。很多产品的广告拍摄，也非常喜欢用特写镜头来表现产品的材质、纹理等。

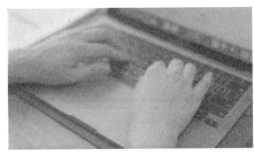

特写画面

　　总结一下，景别叙事的逻辑是：用远景交代故事背景、时间、空间；用全中近景交代人和人，以及人和物的关系；特写为故事提供丰富的细节，让故事

97

更加饱满。

　　景别与时长有一定关联性。远景画面包含的元素多，观众看清画面的时间相对会久一点；特写画面包含的内容比较少且信息传达明确，所需要的时长就短一些。一般在影视剧中，一个远景画面大约是 10 秒，而特写画面只有 2~3 秒。所以在拍摄时也需要注意，画面包含元素越多，拍摄的有效片段时长要越长。

　　第五章介绍了"123 法则"，一组镜头至少包含一个远景、两个中近景和三个特写，这个设计逻辑与景别叙事作用是匹配的。远景画面内容丰富，所以有一个画面就够了；特写只能展现局部，所以需要多拍几个画面。这样在一个场景的叙事里，既交代了背景，也有人物和环境的关系以及充足的细节，构成了一个完整的能够有效叙事的镜头组，因此无论后期怎么剪辑，是单独剪一个片段，还是作为素材穿插在别的内容里，画面都是完整的。

6.3　画面动起来的六种方式

　　视频是动态的影像，视频中的运动效果有三种构成：
　　①被拍摄人或物的运动；
　　②相机的运动；
　　③拍摄对象和相机一起运动。

　　分享一个简单易记的拍摄口诀：敌动我不动，敌不动我动，可以都动，但不能都不动。如果拍摄对象是静态的，比如天空、建筑、书籍与摆件等静物，那相机就要动起来；如果拍摄对象是动态的，那相机可动可不动。拍摄对象和相机至少有一个得动起来。

　　画面中的动作设计需要根据镜头中出现的元素展开，无法一一列举。下面主要介绍相机的运动。相机的运动方式有以下五种：推、拉、摇、移、跟。此外，还介绍一种用于纪实拍摄的镜头运动方式：呼吸镜头。

6.3.1 镜头的六种运动方式

推镜头

镜头向前移动的方式是推镜头。推镜头可以让画面从环境逐渐向被拍摄主体聚焦，既可以展示场景环境，还能够突出被拍摄主体。可以聚焦人物的手部动作、面部表情，甚至是眼神等。

比如，中央电视台《焦点访谈》的节目"收购季节访棉区"中，当记者和摄像师赶往正在违反国家法规私自收购棉花的加工厂时，听到风声的加工厂老板仓促避去，但记者敏锐地发现老板办公室中，桌上的茶杯余温犹存，显然人走不久。摄像师从全景画面，推到记者手试茶杯温度的特写画面，非常好地传递出了这种现场信息。此后，当记者追问留在加工厂未及躲避的收棉女工在干什么时，女工支支吾吾谎称在玩。摄像师发现女工发辫间有不少收棉时沾上的棉绒，于是从该女工的近景画面，推摄成头发与棉绒的大特写画面，清楚地告诉观众她在说谎。摄像师在现场，通过锐利的目光和高超的镜头表现技巧，为这次报道提供了重要的能够说明问题的细节形象和情节因素。

拉镜头

镜头向后移动的方式是拉镜头。拉镜头和推镜头相反，它是将被拍摄主体慢慢融入环境的一种画面运动。我们可以通过拉镜头表现被拍摄主体与它所处环境的关系。推镜头通常会被放在一个片段的开篇，拉镜头通常会被放在结尾，作为一个片段的结束。

在苏联影片《莫斯科不相信眼泪》上集结尾处，受骗上当的女工卡捷琳娜希望摄影师帮她打掉胎儿，反被他奚落一番，而后摄影师扬长而去。这个长拉镜头中，公园里秋风萧瑟、落叶满地，卡捷琳娜的身影越来越小，看上去孤单无靠。这里通过拉镜头，出色地刻画了她此时的心境，并引起观众的深切同情。

摇镜头

拍摄时相机的位置不动，而镜头上下或左右摇动即为摇镜头。摇镜头的使用多为全面展示环境或者主体，比如从左到右扫视环境，或者从上到下打量人物。有时，摇镜头可以作为拍摄者的第一视角，来表现人物的视线变化。

希区柯克在影片《后窗》结尾，设有一个令人惊异的长摇镜头。当片中的凶手已被抓获，画面回到与片头一样的情景，一个个打开的窗户，一户户人家又恢复了正常的生活，危机已经过去。这时镜头从室外摇至一户窗台，在"后窗"里不断偷窥的杰弗里斯此时背靠窗台含笑睡去（近景），镜头继续下摇，摇出他那打上石膏的下肢和裸露的脚。然后镜头横摇，一双穿着黑皮鞋的女人脚入镜，原来是与他激烈争吵过的金发女郎靠在床上看书。观众惊讶之余，又为有情人终成眷属感到高兴！

移镜头

镜头沿水平或者垂直方向移动就是移镜头。移镜头和摇镜头的区别在于，摇镜头相机的位置是不变的，而移镜头是相机进行水平或垂直的运动。比如，当我们坐在车上，拿手机拍摄车窗外时，画面所展现出的就是移镜头的效果。移镜头是一种更加客观的镜头运动方式。

如在影片《绿洲凯歌》中，艾夏木罕和乌守尔这一对青年，在苹果园里欢快地嬉戏、追逐，摄影机放在长长的轨道上，镜头跟随着他们横移拍摄。这样不仅展现了果园的美丽景色，而且一下就把观众带进了电影之中。它使观众观看后产生舒畅和优美之感，同时也渲染了剧中人物蓬勃的青春气息。

跟镜头

相机跟随拍摄对象一起移动就是跟镜头。在移镜头中，画面的运动感和代入感非常强，就好像观众也在跟随着这个主角一起走，能够有一种身临其境的感觉。

电影《人类之子》中，包括汽车伏击等场景在内，全片都是由一系列出色的跟镜头组成的。其中的一段镜头跟随男人在枪林弹雨中前进。这段将近 6 分钟的长镜头，给观众造成的沉浸感十分具有冲击力。

呼吸镜头

除了以上推、拉、摇、移、跟五种运动镜头之外，还有一种在纪实类影片中常常用到的镜头运动方式，即呼吸镜头。当摄影师手持拍摄时，相机随着摄影师的走动以及呼吸有着轻微的自然晃动，这就是呼吸感。

呼吸感不是随便乱晃，也不是任何类型影片都适用，而是需要先审查视频所呈现的内容和情绪，再决定是否用呼吸镜头。

6.3.2 手持拍摄如何保持画面稳定

手持拍摄非常方便，可以简化日常拍摄的难度，节省时间。尤其是在户外拍摄视频，带着三脚架稳定器很不方便，用手持拍摄稳定画面非常必要。

手持拍摄的技巧如下：

第一，确保手部稳定。右手拿稳拍摄设备，将拍摄设备卡在左手虎口处。如果是手机，右手用八爪鱼的方式握紧，同时卡在左手虎口处，如果是相机，右手拿稳机身，左手稳住镜头。然后手腕放松，手臂夹紧身体。

第二，保持镜头相对位置。在进行镜头运动时，胳膊和手臂尽量保持不动。膝盖微微弯曲，用腿部、臀部、腰部的力量让身体动起来，再去带动手臂的运动。相机和身体的相对位置尽量保持不变。

第三，注意脚步动作。当运动镜头比较长，需要走动时，可使用忍者步。保持膝盖微曲，走路时脚跟先着地，然后脚尖缓缓落下，尽量保证身体上下没有太大位移。

第四，在拍摄前深吸一口气，屏住呼吸，拍摄完成后再呼气。

掌握以上四个技巧，就能够手持拍出一个稳定的画面了。

6.4 如何用手机拍摄出电影感画面

6.4.1 延时摄影

延时摄影是一种让时间压缩的"魔法"，它能够将原本缓慢变化的过程快速展现出来，带给观众日常观察不到的情景，比如流动时的云彩、盛开中的植物等。在日常生活中，延时摄影也经常用于展现食物的变化，比如烘焙时食物膨胀成型的过程。

延时摄影的原理和动画的原理相似。视频由图像构成，当每秒播放的图像超过 24 张时，就能够形成动态的视频效果。延时摄影就是把原本缓慢发生的事情按照一定的时间间隔拍摄成图像，然后再把图像按照每秒 24 张排列，重新构成一个视频片段。

时间间隔和需要的图像数量，根据最后的成片视频时长而定。比如，原本10 分钟的变化过程，希望成片在 5 秒钟内呈现，计算方法如下：

成片时间（秒）× 帧数（默认 24 帧）= 图像总数（张），发生时间（秒）÷图像总数（张）= 拍摄间隔（秒），也就是说，5×24=120，5 秒的成片需要 120张图像，600÷120=5，10 分钟的变化过程需要每隔 5 秒拍一张图像，因而拍摄的时候每 5 秒按一次快门。

现在，部分手机和相机是自带延时功能的，在拍摄的时候直接选择间隔时间即可。以下是延时拍摄常用场景时间间隔参考：

人流：1~2 秒。

流云：5~10 秒。

影子：10~20 秒。

落日：4~5 秒。

星轨：20~30 秒。

6.4.2 慢动作拍摄

慢动作又称为升格视频。它和延时摄影相反，延时摄影是把较长的过程压缩，慢动作是把一个较短的过程拉长。

慢动作通常在有强烈情绪表达或画面中有快速运动时使用。比如大笑的表情、子弹射出的瞬间等。

慢动作原理是通过改变每秒拍摄的图片数量来实现的。让一秒钟的运动镜头包含 60 甚至 120 张图像，再以一秒钟 24 张图像来呈现，这样就实现了慢放的效果。帧数越多代表着每秒拍摄的图像数量越多，也就意味着可以播放更长的时间。

此外，慢镜头可以增加画面的稳定性。在手持拍摄时，可以使用高帧率拍摄，剪辑时通过慢放减少画面的抖动。

第七章

拍摄筹备：
低成本完成拍摄

千万不要认为只有专业、昂贵的设备才能拍出优质内容，低成本创作才是个人和小团队的制胜关键。虽然我是一名专业导演，但我在账号初创阶段所用的设备不过一部手机和一个支架，后来随着内容形式多元化以及对内容品质追求的提升，才逐步对设备更新升级。接下来跟大家聊一聊不同创作阶段如何选择合适的拍摄器材，让我们用简单、有效、低成本的方式开启自媒体事业。

7.1　拍摄设备选择

设备通常是新手入门时经历的第一道坎，五花八门又价格不菲的设备总是让人眼花缭乱。其实，拍摄短视频有三样设备就够了：手机、三脚架、麦克风。如果想在画质上有进一步提升，可以将手机换成相机，并且使用补光设备。

本节从入门到进阶，详细地讲解了短视频
拍摄设备的选择和使用，同时也为大家介绍了
拍摄时会用到的其他拍摄器材，
以及如何低成本布置拍摄场景。

7.1.1 手机或相机

面对摄影初学者和自媒体新人，我通常建议先用好手头的设备。无论是手机还是相机，都可以拍摄出清晰好看的画面。如果你正好有相机，就用相机拍摄；如果还没有相机，可以先用手机拍摄。在不确定是否要在视频创作领域深耕时，先别着急投入太多。

手机和相机相比，拍摄画面最直观的差异体现在三个方面：

弱光条件下的画面质感

弱光拍摄时，相机的画面更胜一筹。决定画面成像效果的一个重要因素是拍摄设备感光元件的大小。感光元件面积越大，捕捉的光线就越多，能够在照片上呈现的信息就越多，画面质感也就越好。

一般来说，手机的感光元件只有相机的一半大小。所以在相同环境下，尤其是光线不好的时候，比如夜晚拍摄时，手机拍摄的画面颗粒感很强，用专业术语来说就是噪点多，而且在清晰度和色彩表现上都不如相机，导致画面看上去有点渣。

用手机在晚上拍摄的情况下，可以用补光灯弥补画面清晰度。

画面的虚化效果

很多新手都喜欢虚化效果，它可以突出主体，让画面更加有层次，便于构图，让画面看上去更高级。虚化效果主要由镜头的焦距和光圈实现。手机镜头的物理焦距只有 4 毫米左右，也无法实现大光圈，所以在虚化效果上远没有相机的效果好。

手机拍摄虚化效果　　　　　　　　相机拍摄虚化效果

画面的色彩宽容度

宽容度是指视频后期的调色空间，在最亮和最暗部分中能保留多少细节。一条画面很暗的镜头，后期调色可以增加画面曝光，提升亮度。宽容度好的画面不会因为提高曝光而丢失细节或者产生过多的噪点，宽容度低的画面则反之。手机拍的画面，后期的调色空间相对相机要小很多。

总的来说，手机在成像效果上比相机略差，但在便携性和可操作性上具有绝对优势。我们随时随地拿起手机按下拍摄键就能开拍，拍摄完成后还可以直接在手机上剪辑，省去了素材传输整理的时间。对于刚刚尝试拍摄的小白来说十分友好。所以在拍摄设备的选择上不用特别纠结，有什么就用什么。

7.1.2 手机的选择

在选购手机的时候，我们需要注意两个要点：

相机分辨率至少达到 1080P

视频由动态的图片构成，视频的分辨率可以简单理解为照片的像素。主流视频分辨率有 720P、1080P、4K。这里的 P 是 Pixel 的简写，意为像素，1080P 是指横向有 1080 个像素；4K 的 K 指的是千，4K 是指横向约有 4000 个像素。因此数值越大，像素越高，画面越清晰。在拍摄设置时，推荐选择 1080P。如果手机储存空间够用，也可以拍 4K 视频。现在已经有越来越多的平台支持 4K 播放。

市面上的主流手机基本上都配置了 1080P 的镜头，还有一些中高端机型能够实现 4K 甚至 8K 的画面拍摄。对于任何短视频平台，像素都是足够用的。

镜头是否有长焦端

长焦镜头可以给画面带来景深，呈现较好的虚化效果，而且它的视野窄，拍摄的时候可以排除场景中的杂物，让构图更加干净整洁。

手机的长焦效果，一般通过光学变焦和数码变焦两种方式实现。

光学变焦，是指通过镜头本身拍出来的变焦效果，通常可以实现 5 倍光学变焦甚至 10 倍光学变焦，画质相对较好。

数码变焦，是通过对原本画面的放大裁切实现的长焦画面效果，可以做到

10倍、20倍甚至50倍变焦，但是市面上大多数手机的数码变焦效果相对一般。因此用于视频拍摄，尽量选择光学变焦的手机镜头。

有时手机拍摄画面不清晰，原因并不出在手机身上。影响画面清晰度的还包括光线、构图等因素。

光照不足：如果拍摄环境光线条件不好，镜头进光量少，呈现的画质就会受到影响，甚至出现噪点。

画面构图：画面是否清晰，有时也受视觉效果影响。同样的拍摄主体，如果一个画面杂乱，一个构图简洁，从视觉效果上看，简洁的画面呈现出的清晰度更高。

7.1.3 相机的选择

常用相机类型有三种：单反、微单和卡片机。在此我们先说说这三者的区别。

卡片机最大的特点是轻巧便携、操作简单，非常适合小白使用。但是它的镜头不能卸载更换，拍摄上有一定限制。

单反最大的特点是极具专业性。单反可更换镜头，而且有光学取景器，可以通过取景器去观察画面，此外还有很多参数可以调节，适合专业人士拍摄使用。单反最大的缺点是体积大、重量沉，女生出门携带比较辛苦。

微单介于卡片机和单反之间，可以更换镜头，但没有光学取景器，取景直接通过液晶屏，相对来说耗电快一些。不过微单体积小、重量轻，便于携带，是最适合日常拍摄 Vlog 的相机类型。

当我们选购相机时，可以从画幅、对焦、翻转屏这三个维度进行比较。

画幅

画幅指的是相机感光元件的大小，全画幅的感光元件尺寸为 36 毫米 ×24 毫米，小于这个尺寸的都叫作残画幅，我们常用到的残画幅大小有四分之三画幅、半画幅等。这里又一次介绍到了感光元件，可见感光元件对于相机非常重要。全画幅相机通常比残画幅相机的价格高出一倍甚至更多，但同时也能够带来更好的画面效果，比如更好的虚化、更多的画面细节、更大的宽容度等。

想一步到位且预算充足的朋友可以直接入手全画幅，如果预算有限，可以从残画幅相机开始练习。

对焦

视频拍摄是一个动态的过程，无论是人物运动还是相机运动，时刻保证画面主体的清晰是非常必要的，这个时候就比较考验相机的自动对焦能力了。现在主流的相机都有人眼识别自动对焦功能，能够精准识别人物并跟随。比如索尼的微单，在自动对焦功能上表现得就很好。

翻转屏

拍摄 Vlog 时经常需要自拍，翻转屏可以完美解决自拍时监视画面的难题。

镜头

如果预算有限，推荐先购置一台二手相机，然后搭配一到两个大光圈镜头。画面效果好不好，很大一部分在于镜头。所以新手入坑，可以从镜头开始。

镜头建议搭配两个，一个变焦头和一个定焦头。变焦头焦距可变化，适用于动态场景的抓拍，不更换镜头就能够拍摄不同景别的画面，使用场景多。变焦头选择随相机搭配的套头就可以。

定焦头焦距不可变，但是性能比较强大，搭配大的光圈能够拍摄出好看的虚化效果。常用的定焦头有 24 毫米、35 毫米、50 毫米以及 85 毫米。搭配 F1.2、F1.4、F1.8 的光圈值。

7.2 拍摄器材

前文介绍视频拍摄的入门三件套括包括
手机、三脚架、麦克风，
想要拍出更有质感的画面效果，
可以使用相机拍摄并配合使用专业的灯光。

7.2.1 三脚架

除了常规的落地三脚架外，不同拍摄场景还需要搭配不同的脚架，比如桌面支架、俯拍支架以及稳定器等。

落地三脚架

落地三脚架是拍摄最常用到的三脚架。脚架的高度宜选择 1.6 米，这个高度拍环境、拍人都很合适，而且足够使用。大多 Vlog 的拍摄场景在室内，所以对脚架的稳定性要求不高，可以选择一款材质轻便的，方便使用和收纳。

落地三脚架

脚架和拍摄设备是通过快装板进行连接的。快装板一头卡在脚架上，另外一头像螺丝一样拧在相机里。如果是用手机拍摄，可以再准备一个手机夹，连接方式与相机相似。

云台与快装板

俯拍支架

当俯拍镜头需求比较多，比如学习类 Vlog 拍桌面、美食 Vlog 拍灶台等，常规的三脚架无法提供稳定的俯拍条件，这时就需要一款中轴横置三脚架。中轴横置的三脚架可以将中间的支架横过来，实现俯拍。

中轴横置三脚架

如果是用手机拍摄，也可以买一个桌面的懒人支架，它可以随意拉伸调整角度，而且性价比很高。

八爪鱼

如果户外拍摄比较多，推荐使用八爪鱼三脚架。八爪鱼三脚架的三条腿是可以随意弯曲的，在进行户外拍摄时，可以把它架在任意的栏杆上，然后固定设备进行拍摄，在旅行中使用非常方便。在大神 Casey Nestate 的 Vlog 里，八爪鱼出镜率非常高。

八爪鱼

稳定器

稳定器分为手机稳定器和相机稳定器，二者不能通用。稳定器可以减少手持拍摄带来的画面抖动。稳定器分为双轴稳定和三轴稳定，代表的是不同平面的稳定数量。一般来说，轴承越多稳定性能越好，但是机器也越笨重，操作难度越大。

手机稳定器

除了稳定之外，市面上的稳定器还具有一些智能功能。比如人脸识别并跟踪，只要对着镜头比一个手势，软件就会自动识别人脸，开启拍摄，人物走到哪里镜头就会跟着转到哪里，一个人也能拍运镜，非常方便。

7.2.2 麦克风

很多学员会问我，在视频拍摄中，麦克风是不是必备的。我通常给出的答案都是肯定的。

无论是 Vlog，还是电影、电视剧，视听效果不仅需要视觉刺激，还需要听觉刺激。就好比玩游戏的时候把音效关掉，就会严重影响游戏体验。声音在视频中的作用举足轻重，有时甚至比画面还重要。

使用麦克风可以在声音收录时降低噪音，提高音量，让声音变得干净且清晰。日常拍摄用到的收声设备大概分为三种：有线领夹麦克风、有线机头麦克风以及无线蓝牙麦克风。

有线领夹麦克风

有线领夹麦克风俗称"小蜜蜂"，麦克风一头夹在领子上，另一头插在拍摄设备上。这类麦克风距离声源较近，收声清楚，非常适用于采访、口播类视频场景。这类麦克风的价格相对便宜，性价比高。唯一不足就是它有一根线，被拍摄者不能离相机太远，而且线在整理的时候不是很方便。

有线领夹麦克风

有线机头麦克风

枪式指向型麦克风是有线机头麦克风的一种，指架在拍摄设备上用于远程收音的麦克风。这类麦克风适合拍摄日常生活，除了人物对话外还可以收录环境的声音，比如制作美食的声音、旅行时环境的声音等。机头麦克风携带方便，适合户外拍摄使用。

指向型麦克风

无线蓝牙麦克风

无线蓝牙麦克风收声清晰、携带便携、使用场景多元，唯一不足的是价格也相对高一些，如果预算充足可以考虑。

蓝牙麦克风

大多数麦克风是可以直接连接拍摄设备的，只需要配备带有相关设备转接口的数据线即可。比如相机连接麦克风时，将麦克风一端直接插到相机的 MIC 接口上，苹果手机需要配苹果的转接口，安卓手机需要配相关的转接口，一般是 Type-C 接口。

因为安卓系统的原因，通常手机自带的相机功能无法通过麦克风直接收声，需要使用第三方软件进行收录。可供拍摄的第三方软件非常多，比如轻颜、美颜相机、剪映等，都是不错的录制软件，且能够提供视频美颜功能。

7.2.3 补光灯

新手拍摄视频，优先选择利用自然光拍摄，也就是在白天拍摄，阳光是最便宜且最好用的光线。如果不能在白天拍摄或者室内光线不够时，可以考虑购置补光灯。

基于对学员日常拍摄场景的了解，提供三类适合日常拍摄的补光灯，即环形补光灯、手持补光灯和专业影视灯。

入门：环形补光灯

环形补光灯，主要用来给人物面部进行补光。环形的设计，可以让光源在面部呈现柔和的效果。环形灯通常还配有云台支架，可以固定手机，占地面积比较小，使用起来很便捷，适合录制口播或直播时的面部补光。

进阶：手持补光灯

手持补光灯推荐两种，即口袋灯和灯棒。

口袋灯，顾名思义是可以装进口袋的小型补光灯。口袋灯体积小、易携带，在小空间拍摄时可以临时性补光，比如拍摄产品、美食、人物面部等场景，还可以通过热靴接口与拍摄设备连接，解决移动拍摄时的实时补光问题。

口袋灯

口袋灯补光范围有限，只能给局部补光。如果想要更大范围补光，可以使用灯棒。灯棒的补光范围大约是人的半身，光的亮度较高。此外，通常灯棒都可以调节光的颜色，在居家场景中可以作为轮廓光或者氛围光使用，而且不占地方，拍摄的时候不用担心穿帮。

专业：影视灯

手持补光灯，能够解决小范围拍摄和户外拍摄的补光需求，如果在室内拍摄需要对场景进行补光时，就需要使用专业影视灯了。

影视灯通常是一个常亮灯加一个灯罩，灯的瓦数越高，光照亮度越大。常用的瓦数有100瓦、150瓦、200瓦、300瓦。小场景拍摄100瓦就够了，直播间一般用到200瓦，再大一点的场地需要用到300瓦。

专业影视灯

灯罩的形状不同，光照的效果也不同。在不同的拍摄场景下，需要使用到灯的数量以及每个灯的位置、亮度都不尽相同。

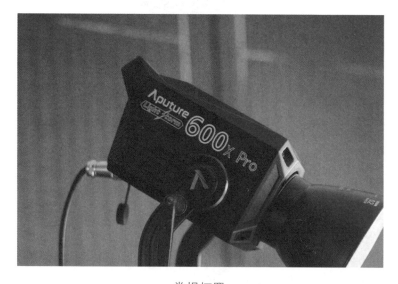

常规灯罩

球形灯罩

7.2.4 相机储存卡

储存卡有不同的型号和不同的存储大小。选择储存卡，首先要看相机型号，是什么品牌的相机、哪一款型号，如果不知道的，可以上网搜索自己的相机型号，查看规格，包装里面也会有储存参数。

相机储存卡多大合适

储存卡的容量越大，价格也就越贵，我们可以先根据自己的相机支持类型的储存卡来选择卡，然后根据拍摄的需求来选择合适的储存容量。

目前大部分的单反相机与微单都支持 4k 视频的拍摄。如果为了满足 4K 视频正常 3 小时的录制，或是满足正常情况下拍摄 4000 张左右的照片，综合性价比考虑，储容量为 128G 的卡会比较合适。

相机储存卡

速度等级选择

在日常拍摄中，如果对于高质量视频有特殊需求，基本上要选择写入速度每秒 90 兆以上的储存卡。如果只是一般的高速连拍和 4K 视频的拍摄，最低也要达到每秒 30 兆的写入速度且要配置对应的读卡器。

品牌选择

储存卡尽量不要选择"三无"品牌。大品牌的储存卡在品控和品质上有更好的控制力，其产品相对来说更加稳定。建议注重稳定性的，可以选择索尼、天硕、闪迪的储存卡；如果要兼顾性价比，可以选择雷克沙、金士顿等品牌。

7.3　拍摄场景布置

一个精心布置的拍摄场景，
不仅能带来美感，
还可以突出主体的形象风格等。

7.3.1 选择拍摄场地

空间宽敞

宽敞的空间可以放得下足够多的拍摄设备，比如灯架、脚架等。而且只有空间足够大，尤其是纵深空间大，才能够让主体与背景分离，让画面里前景后景分明，打造出层次感。

环境整洁

画面里出现的物体太多，观众就无法聚焦主体。而且杂乱的环境会影响构图，使得画面不够好看。环境整洁有以下四个标准：

首先，背景整洁。背景里可以有物品，甚至可以有大的物体，比如书架等，但是一定要摆放整齐。在有大的物体的情况下，拍摄时可以让主体与背景产生一定的距离，或者用大光圈的镜头，打造出虚化的背景效果。

其次，避免色块过分鲜艳。过分鲜艳的颜色会吸引观众的注意，将目光从主体抽离。比如拍摄美食视频，厨房中经常会出现颜色鲜艳的抹布、锅具、瓶瓶罐罐等。在拍摄的时候一定要提前观察画框，把这些颜色过于跳跃的物品拿走，不要让背景抢占主体的风头。

再次，在人的头部后面，尽量规避线条等形状，线条会产生一种把人割裂的感觉，让画面不舒服。

最后，背景也不宜太单调。选择一面纯色的墙作为拍摄背景，确实是个简单且不会出错的选择，但一定不是让画面出彩的选择。一个有层次的画面，需要背景的烘托，比如在背景里放置绿植、台灯等，也是不错的选择。

光照充足

日常拍摄，可以选择在窗前置景，最大程度利用自然光。但不要把窗户作为背景。当背景过亮时，很难在主体和背景之间找到一个平衡的曝光。拍摄口播视频时，很多人喜欢用窗户做背景，人背对窗户而坐，画面中要么是背景过曝，要么是人脸过暗。如果你拍摄时间比较长，随着时间的流逝，太阳慢慢落山，背景的光线一直变暗，画面的曝光就需要一直调整，这样对于拍摄和剪辑来说都是一场灾难。

风格特色

前面三点是基本要求，第四点是进阶要求。李子柒的乡村小院、日食记的日式房间，都给观众留下了深刻印象。场景可以强化人设的定位与风格，展现人物性格和喜好。一个符合自己调性的场景和风格，能够让观众进一步了解你，进而喜欢你，记住你。

我的一位学员上里陈家，她生活在四川上里古镇，她和家人将自家的后院进行改造，搭了一口烧柴的铁锅，然后用视频记录一家人在小院里的乡村美食日常。再比如，我的另外一个学员小西要吃饱，也做美食内容，她的定位是出租屋独居女孩的治愈美食。她的场景搭建中出现的元素有格子桌布、绿植以及一个放手机的桌面支架。她一个人吃饭的时候，通常都会看一场剧或者综艺。

找到属于你的特定元素，然后搭建一个具有独特风格的场景。

7.3.2 布置拍摄光线

布光是一门复杂的学问。不同造型的灯有不同的作用，不同的打光方式可以营造不同的画面效果。学习打光需要长期实践，不断积累经验。本小节主要介绍布光的基本原则和技巧，在日常的拍摄中，我们也可以完成简单场景的光线布置。

最常用的三点布光

在我们的工作中，拍摄人物访谈时，最常用的布光方法叫作三点布光法。

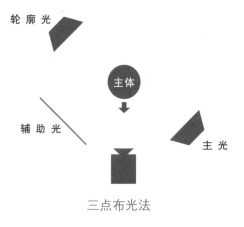

三点布光法

我们把光位图想象成一个表盘，人物主体是中心，相机是 6 点钟方向。

第一个点，主光。主光一般放在 4 点到 5 点的位置，高度大约在人上方 30 度到 45 度之间。主光是人物面部的主要光源。一个准确的主光源，应该既能够确保主体整体的亮度，又使得画面有一定的明暗对比。

比如，当主光源位于 4 点到 5 点之间时，人整体是明亮的，画面左侧的脸颊部分有一些阴影，画面立体感比较强。如果把主光源调整到 6 点位置，人的面部正对光源，这是一个顺光的角度，面部基本上没有阴影区域，这就会使得画面有些平，缺少明暗对比。如果把主光源调整到 3 点位置，人的面部一半明亮一半昏暗，形成阴阳脸的效果，看上去也不够美观。

主光源在 4 点到 5 点之间，在人物斜上方大概 45 度位置打灯，脸部会出现三角形光斑，这种打光方式称为伦勃朗光。

伦勃朗式布光

主光源在 6 点钟的位置，人物正对光源，这种打光方式称为顺光。

顺光式布光

主光源在 3 点钟位置，明暗对比明显，这种打光方式称为正侧光。

正侧光式布光

動動小脑筋

当你想要在窗户前拍摄的时候，怎么坐能够获得最佳的光线效果呢？

第二个点，辅光。辅光是为了给主光做补充，将阴影的地方适当打亮。辅光一般放在 7 点到 8 点的位置，高度可以和头部差不多，亮度一般比主光亮度弱一些。这样可以依旧保留画面中明暗的对比，让面部轮廓有立体的感觉。

辅光位置示意图

第三个点，轮廓光。轮廓光一般放在主体背后 9 点到 3 点区间，在背景的任意位置都可以，光线打向人物后脑勺和肩部，给人物勾边，将人物从背景中分离出来。

完成以上三个步骤，就完成了一个典型的三点布光。

三点布光

在三点布光的基础上，有的时候还会增加第四个光源，放在背景上，打亮背景。这样画面的前景和后景可以区分得更加明显，同时也让背景增加一些元素，不会显得单调。

三点布光增加背景光源

总结一下，一个三点布光的场景，呈现的效果是使人物面部有足够曝光，使画面有一定明暗对比，使人物能够和背景分离。那当我们在家录视频的时候，应该如何实现三点布光以展现出应有的画面效果呢？

三点布光的家居应用

首先，主光源建议优先使用自然光，也就是尽量把拍摄安排在白天。因为一般家居空间有限，专业补光灯体积较大，操作放置皆有不便，所以优先使用自然光这种既免费又省事的光源。

使用自然光，也讲究机缘和条件，最佳的自然光是光线明亮但不刺眼。如果在阴天或者夕阳西下时，室内光线不足会导致画面不够亮，这时建议大家不要强求，改天再拍。如果是晴天的正午，可能出现光线过强而导致光打在脸上显得特别硬的情况，这时可以稍微远离窗户或者把纱帘拉上，使光线柔和，打造柔和自然的画面效果。或者稍微休息一下，先背背稿子，等到下午光线没那么强的时候再拍。

通常，我拍摄口播视频更倾向于上午9点左右这个时间，这个时候光线强度刚刚好，而且时间充裕，上午拍不完下午还可以接着来。如果下午才开始拍摄，可能会面临拍着拍着天就暗下来的情况，那就需要第二天把场景布置、妆发造型的工作再来一遍，就比较费事了。

在窗户前拍摄，怎么坐最合适呢？7.3.2 中提出的小问题你有答案了吗？如果你是正面面对着窗户，左右脸两边受光比较均匀，立体感会稍微弱一些。如果你是侧面面对窗户，可能会出现阴阳脸的效果，靠窗户的这边脸很亮，另外一边脸比较暗。所以，可以尝试与窗户形成一定的夹角，比如 45 度左右，让面部整体受光，但保留一些阴影。在选择角度的时候，还需要同时考虑到背景情况，一定要选择背景干净的角度，最好背景和人物有一些距离，让画面有一些纵深感。

有了主光之后，接下来我们需要再补充一个辅光。辅光又称补光，能将阴影打亮，强化画面的质感。补光可以使用反光板。反光板价格便宜，收纳简单，不占地方，使用的时候打开即可。

反光板的原理是将光线进行反射，打在主体之上。在使用反光板的时候，放置板子的角度尤其重要。大家在拍摄的时候，需要先进行调试，找到最佳的拍摄角度，然后固定好。

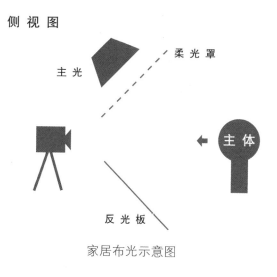

家居布光示意图

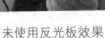未使用反光板效果　　　　　　　　使用反光板

有了主光和辅光，基本上就可以拍摄了。如果空间允许，还可以在你的背景上放一个光源。如果空间比较大，可以把灯打开，如果空间小，可以放一个落地台灯或者安装一条灯带。这样让背景亮起来，整个画面就会非常有层次。

背景光

巧用氛围光。居家生活场景的拍摄，不适合用摄影灯，光线不理想时主要利用家里的灯和一些氛围光来打造气氛，如台灯、灯串、香薰烛台。

7.3.3 拍前注意事项

一分钱能难倒英雄汉，小细节也能逼疯零基础。我经常会收到一些留言或评论，问一些让我哭笑不得的问题。这些问题没有上升到专业技术层面，但确确实实让拍摄者很苦恼，比如："为什么我的画面白白的，像蒙了一层雾？""为什么我的画面一会儿亮一会儿暗，甚至一会儿清晰一会儿模糊？"

因此无论是手机拍摄还是相机拍摄，在按下拍摄按钮前都需要认真对待这些拍摄前应当注意的细节。

擦干净镜头

镜头清洁是大家经常会忽略的问题。当我们拍摄的时候，发现画面灰蒙蒙甚至白茫茫的，有时还会有一些炫光幻影，相信我这不是镜头坏了，而是你没有把镜头擦干净。擦镜头的时候，不要用手擦，用纸巾的效果也不好，可以用专业的镜头擦拭布，眼镜布也可以。

将显示器调亮

如果你拍摄时，明明现场光线很好，但是画面看着就是很暗，这个时候可以尝试把显示器屏幕的亮度调到最亮再看一下。很多手机都有自动调节屏幕亮度的功能，在强光下屏幕会变暗，因此使用手机拍摄经常会出现现场光线充足但画面却很暗的情况。所以我们在拍摄前，可以先把显示屏亮度调到最亮，以免拍摄时对画面曝光把握不准。

选择画面比例

画面的比例是用画面的宽度除以画面的长度。常用的视频画面比例有 3∶4、4∶3、9∶16、16∶9 等，还有一些视频是正方形的，比例为 1∶1。

总的来说，常用的画面比例可以分为竖屏和横屏两大类，这两种画面比例适用的场景不同。竖屏是基于手机发展出来的一种画面比例，非常适合在手机上观看，也符合主流视频平台的信息流尺寸。但因为竖屏视角比较窄，可涵盖的画面内容有限，不能全面展现环境，不适合拍摄过于广阔的场景。但也因为画面比较窄，它能够突出画面的主体，适合口播类视频的拍摄。

横屏符合人眼的生理特性，也是大家比较习惯的视频观看形式，横屏的宽画幅使画面能够囊括更多的环境信息，适合 Vlog 和剧情类视频。

选择视频清晰度和帧率

分辨率至少选择 1080P。像素越高，画面越清晰，承载的细节就越多，所以尽量选择高像素进行拍摄。但同时像素越高，视频文件的大小就越大。因此进行拍摄设置的时候需要根据相机或者手机的储存容量来选择，如果容量允许，也可以选择拍摄 4K 的视频。

帧率推荐选择每秒 60 帧。视频的帧率，是每秒钟播放画面的帧数。帧率越高，画面的流畅度越好。一般剪辑软件里视频帧率可以设置成 24、25 或者 30 帧，这些帧率相差不大，主要是拍摄习惯不同。

如果按照常规拍摄，用 30 帧来拍，那一秒钟的画面就是 30 张图片，这个时候将视频慢放一倍的话，每秒只有 15 张图片，就低于我们视觉形成连续视频画面的数量 24 张，因此会产生画面不连续的卡顿的感觉。如果我们用 60 帧来拍，将 1 秒的视频放慢一倍后，每秒还有 30 张图片，视频观看起来依旧是流畅的。

因此推荐选择 60 帧拍摄，以便后期剪辑时有更多调整空间。

锁定焦点和曝光

焦点可以理解为画面中清晰部分，焦点所在的平面叫作焦内。焦点所在平面前后的画面是虚化的，叫作焦外。拍摄前需要确保被拍摄主体是清晰的，而且要预判主体运动轨迹是否一直在焦内。

曝光可以理解为画面的亮度。画面曝光要准确，不要过曝和欠曝。过曝，画面太亮，画面中部分细节会因为光线太亮而丢失；欠曝，画面太暗，画面光线不足从而导致细节看不见。正确的曝光应该是画面里亮度合适，主体曝光准确。

相机会根据画面中主体的移动以及画面中光线的变化而自动调节焦点和曝光。有的时候人稍微挪动一下都会对画面产生影响，如果不提前锁定的话，就会出现忽明忽暗的画面效果。

相机可以通过关闭自动曝光和自动对焦功能来锁定。手机只要点按或长按屏幕中主体的位置，就能够锁定焦点，然后根据需要调整曝光即可。

声音测试

使用收音设备需要提前测试，以免录制完成后发现声音有问题而返工。

把麦克风安装完成后，我们可以对着麦克风说几句话，播放视频听一下声音是否被收录上以及声音是否清晰无杂音。如果声音中有沙沙的声响，可能是麦克风与衣服或其他物体摩擦产生的，需要把麦克风的位置调整一下；如果收录的声音有爆破音，可能是麦克风的位置离嘴巴太近了，可以把麦克风调远一点，不要直接对着嘴巴，或者给麦克风加上防风罩，就是一个毛茸茸的套子。在户外拍摄的时候，防风罩非常重要，可以减弱风声，提高音频质量。

第八章

拍摄实操：
不同场景的拍摄实操

不同类型的视频有不同形式的拍摄手法。从内容的角度讲，拍人、拍物和拍景的视频有不同的布置要求和拍摄技巧；从形式上来说，口播视频和 Vlog 也有不同的拍摄思路及出镜要求。因此，完成好内容创作要掌握不同设定下的场景布置、镜头设计、镜头感表达等技巧。本章从口播视频、生活 Vlog 以及静物美食拍摄三个方面展开介绍。

8.1　口播：如何在家做主播

在这个全民打造 IP 的时代，泛知识类的内容越来越多，人人都可以成为知识博主，分享自己的工作经验、生活妙招、心得感悟等。口播视频适用的内容范围很广，从早期的开箱视频、美妆测评，到现在的知识 Vlog，都是通过人物对着镜头表达的形式来完成的。

把一个知识分享类的视频做得好看，
是塑造 IP 形象，获取更多流量的重要因素。
本节将手把手带大家完成一支口播 Vlog 的拍摄。

8.1.1 口播视频的画面比例

横屏画面和竖屏画面，展现的空间信息是不同的。横屏画面能够囊括更多的环境信息，展现人物所处的场景，符合常规观看习惯；竖屏画面能够聚焦主体，突出人物，符合移动设备的展现形式。在选择画面比例时，要根据场景、内容重点以及发布平台综合考虑。

横屏画面通常选择4：3，或者16：9的比例。

竖屏画面通常选择3：4，或者9：16的比例。

8.1.2 口播视频的场景选择

口播场景的布置氛围有两种风格，即专业化场景和生活化场景。

下面的第一幅图是在给剪映制作公开课的时候，特地找了一个好看的场景。拍摄时，画面中后景有置景，前景有花，画面呈现出相对专业的状态。第二幅图是介绍旅行Vlog如何拍摄，一边在景区取景一边分享干货，内容轻松、风格随意，在路边咖啡厅一坐就开拍了。

专业化场景　　　　　　　　　　　　　生活化场景

选择专业化场景还是生活化场景，创作者需根据人设和内容来判定。如果你是专家人设，分享的内容也偏专业化，那么专业化场景更能体现出身份；如果你分享的内容偏日常，那么生活化场景可以拉近你与观众的距离。

生活化的场景通常让人觉得亲切。在一个相对随意的场景中呈现内容，观众也会放下戒备心理，降低对知识内容的预期。在这个场景下，如果视频的内容有料有干货，便会超出观众的期待，带来惊喜感和更大的满足感。所以有的时候用生活化的场景去讲一些专业内容，会收获一些意想不到的数据反馈。

8.1.3 口播视频的拍摄实操

人在画面中的大小

在进行口播视频拍摄时，人是画面的主体，画面被四根两两平行、两两垂直的网格线分割。人可以坐在画面中间，或者坐在画面左右两边网格线的位置上。如果是横屏拍摄，人的头部距离画面顶部的边保持一个拳头大小的空间即可，不建议头顶有大片留白或者头部顶出屏幕外而显示得不完整。如果是竖屏拍摄，可以让人的眼睛在上网格线上下，此时画面的构图比例相对均衡。

面向屏幕还是侧对屏幕

面向屏幕，可以与观众直接交流，通过眼神和表情进一步影响观众。侧对屏幕，与镜头外的其他人对话，可以让观众处在第三视角聆听。面向和侧向没有对错之分，可以根据内容和拍摄的习惯来选择。如果对着镜头说话比较紧张，也可以选择侧坐。

使用提词器

新手刚开始尝试口播时，很难脱稿完成，推荐使用提词器。很多手机 App 都带有提词功能，比如轻抖、剪映等，横拍、竖拍均可使用。将你的文案输入进去即可，还能够调整文案的字体大小和滚动速度。

点击提词器：打开剪映 App，点击提词器按钮

输入台词：点击"新建台词"后输入文本，再点击"开始拍摄"

调整文字风格和进度：选择字体大小、字体颜色，调整文字的滚动速度

选择竖屏或者横屏拍摄

注意眼神

眼神能给观众带来交流感。跟朋友聊天的时候，如果你看着他的眼睛讲，对方会觉得你在很投入地聊天，并且在跟他积极互动。拍摄时，镜头就是观众的眼睛，当你看镜头，就是在看观众的眼睛。

用手机拍摄，尤其是横屏拍摄时，眼神的方向经常是飘的，感觉不是往上看就是往旁边瞄。这是因为在拍摄时，眼睛总是盯着屏幕中的自己，而不是看向镜头。只有看向镜头所在位置的时候，眼神才会呈现出正常往前看的感觉。

在手机屏幕上可以任意挪动提词器的位置，因此拍摄的时候，可以把提词器放在距离镜头最近的地方，这样看词时，眼神无限趋近于镜头，那么在画面中呈现的眼神状态就会自然很多。

滤镜和磨皮功能

开了滤镜和磨皮之后，画面中的自己会变美，也会为拍摄提供一个好心情，有助发挥。不过，滤镜和磨皮会影响画面的清晰度，尤其是磨皮功能，所以应尽量把滤镜和磨皮的数值拉低。也可以用原相机拍摄，拍完之后利用修图软件的视频美颜功能进行精修，这样可以最大程度保证画面清晰度和人物呈现效果。

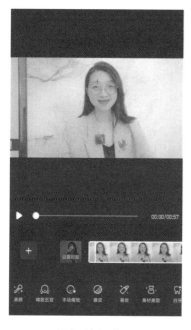

视频美颜功能

131

8.1.4 镜头感训练

很多在生活中侃侃而谈的人，一面对镜头就会变得紧张甚至磕巴，表达生硬不自然，所以训练镜头感是拍摄口播视频的重要环节。可以分为三步走，即克服镜头恐惧、锻炼结构性演讲思维、降低台词感。

克服镜头恐惧

如果你能够自己完成拍摄的话，可以让其他人暂时离开，留你独自进行录制。没有人围观，可以减少一些紧张感，即便自己反复说错也不会觉得不好意思，可以一直重拍。

其实，克服镜头恐惧最有效的办法就是把镜头当作朋友，建立交流感。跟熟悉的人聊天，你不会觉得紧张，你可以把镜头想象成恋人或者朋友，看着镜头讲话，慢慢找到和机器对话的感觉。我有一个学员，在手机后面夹了一张老公的照片，每次看着照片录口播，就会觉得放松很多。

锻炼结构性演讲思维

即便使用提词器，依旧有很多人无法流畅表达，念稿痕迹明显。这时，可以利用结构辅助记忆。拿到一个选题，先思考话题如何开展，然后把文案的结构列出来。比如，以如何锻炼口播视频拍摄的镜头感这一话题举例，文案的结构是：

①什么是镜头感?

②镜头感的重要性。

③锻炼镜头感的方法一：克服镜头恐惧。

④锻炼镜头感的方法二：锻炼结构性演讲思维。

⑤锻炼镜头感的方法三：练习口语化表达。

以上案例用到的结构是"是什么—为什么—怎么办"，除了该结构外，还有很多常用结构，比如"总—分—总"结构、递进式结构、并列式结构、对比式结构等，可以根据不同选题的不同阐述角度去搭建结构。

在内容结构框架基础上去展开对内容的阐述，而不是盯着提词器念稿，这样呈现出来的状态是最自然的，观众观看后也是非常舒服的。

降低台词感

口播其实是一场表演，是一场没有观众但假想有观众，并且毫无痕迹的表演。不仅要把镜头当作朋友，还要把它当作真实存在的朋友，跟它互动。

首先，戒掉口头禅。在录口播的时候，如果口头禅特别多，比如"然后""就是""嗯"等，视频效果就会大打折扣。后期通常会剪辑掉这些口头禅，但剪太多会造成多处画面前后衔接不顺畅。所以，戒掉口头禅。

然后，在句子后面加入语气词。比如：啊、哈、呀、哦等。比如"今天天气很好"，加了语气词就是"今天天气不错嘛"；"今天来分享一下口播视频的拍摄技巧"，加了语气词就是"今天啊，成美就来分享一下口播视频的拍摄技巧"。加上语气词，就会让句子有情绪的流淌，说话的状态也会放松下来，不是在念稿而是在聊天。不过语气词也不能乱加，加太多会让句子节奏拖沓。可以在写完稿子后先念两遍，找到最恰当的情绪和语气词。

最后，配合手势和表情。请不要像机器人一样念稿子。聊到开心事情的时候笑起来，讲到沉重事情的时候皱个眉头，激动之处拍个桌子等。通过动作，可以放大内容的情绪，你的情绪起来了，观众的情绪才能被带入。这里分享一个小经验，可以尝试在录口播前热热身。运动之后，身体是热的，情绪是饱满的，录视频的状态特别好。

8.1.5 拍摄前的准备工作

口播视频拍摄前的准备工作也很重要，主要包括三点：

第一，检查储存空间。尤其是用手机拍摄时要确保留有空间，手机存储内容庞杂，大家一般也没有整理的习惯，这就会导致拍摄拍到一半发现存储空间不足的情况。因此，每次拍完，都要尽量及时对素材进行整理和删减。

第二，检查设备电量。拍摄之前确保设备电量充足，不要拍到一半没有电了。每一次拍摄，都需要布置场景、调试设备，女生还需要花很长时间化妆。如果在家拍，可能还需要先收拾房间。经常是准备 2 小时，拍摄 10 分钟。所以尽可能准备充分，确保设备不出问题，以免拍摄中断而返工。

第三，把握拍摄时间。如果没有补光灯，利用自然光进行拍摄，那一定要把握好拍摄时间。尽量选择上午或者下午 3 点前拍摄，下午 4 点以后就不建议安排拍摄了。4 点以后，天色渐暗，拍着拍着画面就没有光了。

前期准备工作做足，会给后期减少很多麻烦。如果可以，最好一次拍摄多条，这样能够大大提高口播视频的录制效率。

8.1.6 如何让自己更上镜

拍摄时一定要自信，要接纳自己的不完美，比如眼睛太小、脸太圆、稍微有点胖等，这些你以为的缺点都是你独一无二的特点。况且，一个有趣的灵魂远比一张好看的脸蛋更加吸引人。

当然，还有一些小技巧可以让你在镜头前看上去更好看、更显瘦些。

距离镜头稍微远一点

口播视频里，最舒服的景别就是中景，即上半身出现在画面里，头部上方有一些留白。这也是我们平时和朋友聊天时呈现的距离，不会因太近产生压迫感，也不会因太远产生疏离感。

有很多博主喜欢把镜头塞满，只留胸部以上在画面里，这样会让你在镜头前显得比较胖。

稍微侧一点身体

每个人都有一面侧脸是比较上镜的。拍摄口播视频的时候，也可以让身体稍微侧坐一些（不要转太多），露出更上镜的侧脸。侧坐还可以让自己在画面中显得瘦一些。这时，虽然身体是侧着，但你的眼神依旧要看向镜头。

将长焦镜头换成广角镜头

不同焦段的镜头拍摄同一主体，会产生不同的空间压缩感。用长焦端镜头拍人就会比用广角端拍显胖。如果你使用相机拍摄，要尽量用偏广角端。

8.1.7 补充画面细节

一支口播视频，如果只有人对着镜头讲话，多少有些枯燥。如果博主表达能力好，内容足够干货，或许可以让观众始终保持兴趣将视频看完。如果两者缺一，那就很难保证视频的完播率了。

因此，除了出镜口播的画面，还可以提供一些补充画面，来丰富视频内容。同时也让观众通过补充信息，更好地理解视频所表达的内容。

补充画面要与所讲述的内容相关。比如，我在介绍如何用手机拍出电影感的视频时，会补充手机的操作画面；讲解服装穿搭的视频，讲到服装材质设计细节时，就要给到相对应的画面；介绍时间管理方法的视频，画面可以匹配日常生活，如做饭、健身等；进行书单推荐的视频，可以拍摄逛书店、看书的场景，以及书本的特写画面。

补充画面的拍摄没有时间、场地、类型的限制，唯一的要求就是要与口播内容匹配。

8.2 生活：一个人怎么拍 Vlog

8.2.1 景别设计

在拍摄时进行景别设计，主要考虑两点，即画面的叙事性和画面的丰富性。也就是说，在考虑用什么景别拍摄的时候，既要考虑到想通过这个景别传达什么画面信息，是环境氛围还是人物情绪，还要考虑到前后镜头景别角度的变化，是否能够持续给观众带来新鲜的内容。

回顾一下景别的作用：

远景——交代环境；

全中近景——交代关系；

特写——交代细节。

以下是一个万能的景别模板。

第一个镜头使用全景，拍摄人物从画面外走进画面内，术语叫作入画。通常在视频开篇，需要给观众提供故事发生的时间、地点等背景信息。这个时候就应该使用能囊括环境的大景别。如果在家里拍摄，空间相对局促，可以使用全景开篇。

第二个镜头使用中景，拍摄人物做的事情，交代人和环境的关系。让观众了解到人处在什么位置，在做些什么。

第三个镜头使用特写，比如手部的操作、眼神的变化等。进一步让观众看清人物的表情、状态是什么样的，具体在做什么事。在这里，特写的画面可以多拍几个，以充分提供细节信息。

第四个镜头将景别放大，回到近景或者中景，再次展示人物状态。这里主要是考虑到前后画面的景别变化，让画面更丰富。

如果这个场景中，人的动作比较多，能够拆分出更多分镜，那就可以在特写、近景、中景中来回切换，并且变化拍摄角度。

当这个场景结束时，进入最后一个画面，景别再回到全景，人物从画面中走出去，也就是出画。

以上，就构成了一个完整的叙事段落。我们以喝咖啡为例，依据上述模板做景别设计，如下图所画表格所示：

镜号	景别	画面	作用
1	全景	咖啡厅全景	交代故事背景
2	中景	人坐在咖啡厅里	交代事件
3	中景	手部端起咖啡	具体操作
4	特写	搅拌咖啡	具体操作
5	近景	拿起咖啡喝一口	具体操作
6	中景	看一下窗外	交代人物状态
7	中景	和朋友聊天	交代人物关系
8	全景	咖啡厅全景	故事告一段落

喝咖啡场景的景别设计

8.2.2 一个人时怎么拍

如果是自己拍摄，你将要面临的是一个人承担所有前期、后期的工作——策划、筹备、拍摄、剪辑、运营。在这个过程中，最难的部分就是自己拍自己了。

即便作为一个有着多年影视制作经验的我，在自己给自己拍 Vlog 的时候，也常常唉声叹气。但在拍摄了上百条视频后，还是找到了一些便捷的方法。

使用相机拍摄

市面上主流的相机都是有手机 App 的，通过 Wi-Fi 或者蓝牙就能将手机连接到相机上，实时显示相机画面。

在拍摄时，要先进行构图。选择合适的角度，想好从哪里拍，然后放置三脚架，调整景别大小。之后走进画面里，拿出手机，根据手机上显示的画面效果，调整自己在画面中的位置，还可以在手机上调整焦点和曝光。

接下来很重要的一点，就是把手机"藏起来"，放到一个在画面中看不到的位置，以免穿帮。一切准备就绪后，点击拍摄按钮，走到镜头前面，开始你的表演。

使用手机拍摄

手机拍摄和相机拍摄的思路基本一样，先调整好画面构图，然后根据自己在画面中将出现的大概位置，确认好焦点。

可以用一个物品，比如布娃娃或者三脚架等和自己身高差不多高的物品，作为你的替身，放置在你将出现的位置上，然后在画面中确定好角度景别，确保主体能够完全出现在画面里。长按屏幕锁定焦点，点击拍摄。拍摄前先把参考物品拿走，然后你再入画。

正式拍摄前，可以先试拍一条，拍完立刻查看画面，看看构图是否好看，画面曝光是否准确，以及人物在画面里大小是否合适，如果觉得人物太大或者太小，就及时调整手机的位置。

如果手机的前置镜头像素比较高，拍摄效果还不错，也可以使用手机前置镜头来拍，通过蓝牙按钮远程操控拍摄，这样可以看到画面中的实时影像。前置摄像头拍出来的画面是反的，如果画面里有文字等内容，就不建议使用前置镜头拍了。

需要注意的是，一般情况下手机前置镜头的像素没有后置高，而且在背景虚化、慢动作等特殊拍摄时，很多功能都用不了。因此拍摄时还是优先使用后置镜头。

8.2.3 多景别拍摄技巧

拍一个镜头就挪一次脚架，调一次焦距，不但占用大量时间而且很麻烦。尤其是拍摄美食视频，手上沾着油，灶上点着火，还要去调整机位，操作极其不方便。这里有两个方法，可以高效完成多景别的拍摄。

方法一：一套动作重复两次拍

先用大景别将场景中的动作完整走一遍，然后换一个机位，用小一点的景别将场景中的动作再重复做一遍并且拍摄下来。这样，只要移动一次相机，就可以获得两个机位的画面。在剪辑的时候，两个景别可以来回切换。

这个方法只适用于可重复的动作，比如起床、走路、喝水等，这些动作是可逆的动作，重复拍几次都没问题。有些动作，比如切菜、炒菜、吃饭的动作是不可逆的动作。第一遍把菜倒进锅里炒，第二遍就需要把锅碗洗干净，再准备一份食材，重新倒进锅里炒，太麻烦了。这时候还可以使用第二个方法。

方法二：两个机位同时拍

如果你有两个拍摄设备，就可以同时用两个机位拍，一个拍大景别，一个拍细节。动作做一次，就能拥有两组画面。

两个机位同时拍，有几点注意事项：

1. 不要穿帮。拍小景别的机位距离人比较近，所以大景别的机位选择角度构图时，一定要避开小景别机位，不要穿帮。

2. 设备统一。建议使用两个相似的设备同时拍，比如，两部同品牌的相机或者两部同品牌的手机。不同品牌的器材的成像风格不一致，剪辑到一起时会比较奇怪，而且对后期调色也是一个很大的挑战。

3.裁切画面。还有一个比较讨巧的方式，应急的时候可以用一下，即在拍摄的时候使用 4K 分辨率进行拍摄。拍摄一个大景别画面，比如全景，在剪辑的时候把这个 4K 的画面适当裁切到近景或者是特写，这样就可以同时获得至少两个景别的画面。

因为 4k 画面像素比较高，即便裁切画面后，也可以保证画质。但裁切这个操作完成后需要对画面进行数码放大，会使画面透视变得比较奇怪，所以不建议作为日常拍摄手段。

8.2.4 如何让画面更干净

在家拍摄会遇到的一个令人头疼的问题，就是家里的东西多，拍起来显得杂乱。尤其是像我一样家里有宝宝的朋友，很难找到一个空旷干净的场地用来拍摄，从而导致构图受限。可以通过两个方法让画面更干净：

用大光圈镜头

大光圈的镜头虚化效果比较好，可以把背景虚化掉，只突出前景，即便背景稍微有些杂乱，也只能看到模糊的色块，不会对画面的主体构图产生影响。

借助前景遮挡

前面在讲到构图的时候介绍了框架构图，它其实就是利用前景将画面进行遮挡，只突出主体的部分。居家拍摄时，可以将杂乱的场景用门框进行遮挡，除了门框之外，可用作前景的还有绿植、花瓶等。虚化的前景与后景的主体还可以形成前后景关系，让画面更加有层次。如果拍摄场景中没有特别合适的物体能够作为前景，甚至可以让人的身体成为前景，透过身体去拍手上的动作或者画面中的物体。

8.2.5 每一段素材的拍摄时长

一个场景究竟要拍几个画面，每个画面要拍多久，是没有固定答案的。景别切换的频率，镜头的篇幅长度，应该根据视频的节奏来调整。

如果镜头中动作的步骤不是很多，可以拍一个动作就换一个景别或角度。比如冲咖啡的片段，倒入咖啡豆、放杯子、按下按钮，动作很少，可以拍一个动作换一次景别角度。

如果你这组动作比较多，比如切菜、炒菜这类需要过程的场景，那就找过程中的关键动作，比如切菜切下去的第一刀、切完拿起放到碗里等。在每个关键动作时拍摄，一个画面拍 10 秒钟左右，然后换一个景别或角度再拍下一个关键动作。

每个场景，每组动作需要的镜头数量是由视频节奏决定的。如果视频节奏比较快，每段素材时长短，那需要的画面数量就更多，这个时候就需要多拍些画面。相反，视频节奏缓慢时，画面就不宜切换太快，每段素材的时长也需要长一些。

8.3　美食：如何拍出质感

8.3.1　布景与拍摄道具

美食视频大多在厨房拍摄，但一般家里的厨房是面向墙壁的，比较限制拍摄角度。所以除了厨房以外，还可以再找一个相对开放的空间，比如利用中岛台或者餐桌。这样就可以多一个正面拍摄的角度。

使用餐桌拍摄时，需要考虑到桌面的颜色，如果是黑色、红木色等，不适合上镜，可以买一块桌布重新布置。通常这种作为背景的大面积颜色最好选择浅色，比如木色或者白色。此外，还可以准备一些绿植等，让场景显得更有生机。

餐桌背景布置

在美食视频里，餐具的颜值可以在很大程度上体现食物的美味程度，所以大家可以在道具的选择上多花点心思。

主餐盘建议购买相对粗糙质地的亚光材质的餐盘，这样在拍摄时不会反光。比如说粗陶材质的碗、木质的托盘等。颜色尽量选择低纯色颜色，比如大地色、深蓝色，以便搭配食物的时候更好配色。尽量不要买有大面积图案的盘子，会对画面的构图产生干扰。

主餐盘的选择

玻璃材质和金属材质的餐具在画面里也很重要，能够给画面提供些高光点，同时还能增加画面的通透性。但这类道具，不适合非常大面积使用，可以买一些小的东西，比如小的玻璃杯子，金属的刀、叉、勺。

玻璃杯   金属勺

餐布是一个非常好用的道具。可以通过餐布给画面带来一些层次感，能够帮助画面进行构图和配色。而且餐布价格不高，可以多囤几块不同花色的餐布，用于不同的搭配。

不同花色的餐布

8.3.2 色彩搭配的艺术

无论你做的美食是不是真的好吃，但至少看上去得非常诱人，其中的秘诀就在于色彩搭配。

先来认识一下24色相环。24色相环是基于红、黄、蓝三原色，延伸出的24种颜色。在色相环上从内到外，颜色由明到暗，也就是色彩的明度从高到低的变化。

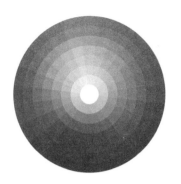

24 色相环

类比色

在色相环上相邻的三个颜色，称之为类比色。我们常用到的类比色搭配有黄色、橙色、绿色。类比色颜色接近，色彩对比度低，因此画面显得十分自然和谐。比如，当食物和桌子颜色接近时，可以找一个类比色的桌布把食物和盘子分离开，让画面更有层次。

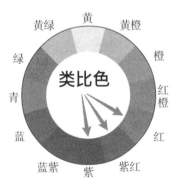

类比色

使用类比色搭配画面

互补色

在色相环上直线相对的两个颜色，称为互补色。互补色可以给画面带来强烈的对比效果，使画面更有活力。常用的补色搭配有红绿色、蓝橙色、黄紫色等。因为互补色带来的视觉冲击力非常大，所以在使用的时候，颜色的配比需要有大有小，用其中的一个颜色作为主色，用另外一个补色作为点缀即可。

互补色

使用互补色搭配画面

分离补色

在美食拍摄的时候经常会使用到分离补色的搭配，也就是在一个画面里同时用到互补色和类比色。这样画面既有低对比度的美感，又具互补色的力量感。

分离补色

使用分离补色搭配画面

在拍摄的时候还需要注意，如果画面颜色较多，就尽量使用低明度的色彩，就是我们说的色相环靠近圆心的颜色；如果画面中的颜色很鲜艳，那就控制画面里出现的颜色数量。

8.3.3 巧用光线拍出质感

常用的拍摄光线有顺光、侧光、逆光、侧顺光和侧逆光。

侧光

光源方向与拍摄方向呈 90 度。使用侧光拍摄的时候，可以看到画面里有非常清晰的阴影，画面因此明暗对比效果明显，表现得非常有质感。侧光常用于表现层次分明、有较强立体感的主体。

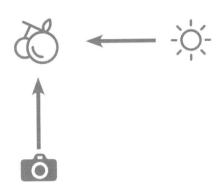

侧光示意图

侧光拍摄

逆光

当食物背对着光源的方向，镜头面对光源的时候，就是逆光拍摄。逆光拍摄食物时，画面的表现力非常强，它能够给食物制造明亮通透的轮廓线条，非常适合拍摄玻璃容器或者能够透光的食物。比如用玻璃碗装小番茄，配合水波纹，逆光拍摄的画面特别通透。很多小清新风格的片子都会使用逆光去拍。

逆光示意图

145

逆光拍摄

侧顺光和侧逆光

45 度侧光在美食摄影中经常用到，包括侧顺光和侧逆光。它既能够表现出食物细腻的质感，还可以塑造食物的轮廓线条。尤其是侧逆光，被称作美食摄影的利器。

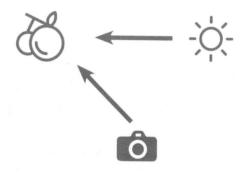

侧顺光示意图

侧顺光拍摄

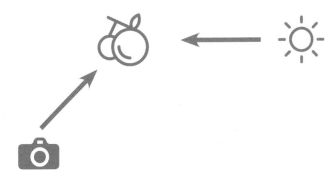

侧逆光示意图

侧逆光拍摄

顺光

　　顺光，就是光线直接照射在被摄物体上的光线效果。在顺光下，可以确保拍摄主体整体的光线，但在画面中几乎看不到阴影，这也会使得画面没有明显的明暗变化，从而缺乏一些层次感和立体感。所以顺光在美食拍摄中用得不多。

顺光示意图

顺光拍摄

选择光位并不难，拍摄时先确定光源的方向，再去调整拍摄的方向就可以。这样就可以利用不同的光位拍出不同的画面效果。

小贴士

如何通过画面判断光位

看阴影的位置，阴影的反方向就是光源的位置，通过光源位置和相机的夹角来判断是顺光还是逆光。

看阴影的线条，如果线条很明显，就是硬光；如果很柔和，阴影过渡自然，就是软光。

8.3.4 食色人间的烟火气

一个好的视频，一定有人的代入，因为这样才显得有人情味，也才更有感染力。如果你就只拍食物本身，即便是画面非常好看，观众看到也不会有什么特别的感觉，最多感到："哦，这是一个食物相关的视频，食物看上去还挺好吃。"仅此而已。

如果想让观众和视频有更进一步的情感连接，就需要丰富故事的情节。除了拍摄食物制作过程本身，我们还需要给画面补充一些环境镜头。可以是人物、宠物、风景等，穿插在视频里。比如窗外的树叶、脚下的宠物、火焰与热气等。这些内容可以渲染气氛，丰富 Vlog 内容，让 Vlog 更有烟火气，更有故事感。

另外，美食 Vlog 里面的同期声一定要保留，这会让片子更有真实感，而且美食的声音会使食物更加诱人。

第九章

剪辑操作：
不同类型视频剪辑技巧

拍摄 5 分钟，剪辑 2 小时，是剪辑新手面临的主要问题。想要完成一个内容流畅、节奏紧凑的视频，并不是件容易事。因此，掌握剪辑技巧非常重要，它不仅能大幅提高剪辑效率，还可以帮你建立后期思维，指导前期创作。拍摄时构思好画面和转场，能够为剪辑提供很大便利。同时，封面设计也是视频剪辑的重要一环，好的封面可以带来更好的点击率、阅读率。本章详细介绍了剪辑思维、剪辑技巧和封面制作的相关内容。

9.1　剪辑思维

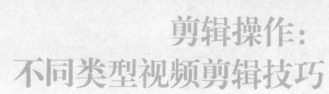

一部电影是由成百上千个镜头组成的，而每个镜头都是一个个单独拍摄的。所以，剪辑就是把一个个独立的镜头创造性地排列成一个有机整体的艺术。不同的剪辑手法和思路会给视频带来不同的主题和不同的叙事效果。

9.1.1　镜头的衔接方式

如果把一支视频进行拆分，会发现它由若干个场景构成，每个场景中包含一组画面，每组画面由若干个镜头构成。

比如，我们拍摄一支晨间 Vlog，可以安排起床、洗漱、做早饭、吃早饭四个场景。每个场景作为一个片段，在每个片段里，再拍摄若干个镜头。比如，起床的场景可以设计闹铃响、关闭闹铃、起床、穿拖鞋、走出卧室等镜头。

镜头的衔接

因此，在剪辑的时候就会涉及每个镜头间和每个场景间的组接。这里介绍两种场景组接方式，即剪辑点和转场。

剪辑点

上个镜头与下个镜头中间的交接点就是剪辑点。好的剪辑点能使前后镜头的衔接自然流畅。剪辑点的选择有以下几个方法：

第一，如果两个镜头是由单个动作拆分的，就在有动势的时候剪辑，就是在刚准备要动的那个时刻"下剪刀"。

比如，两个镜头分别用全景和中景拍摄人物坐下这一动作，在全景人物刚准备往下坐的时候切换，紧接着利用中景展示坐下这个完整的动作。

第二，如果两个镜头不是同一个动作，而是两个或两个以上的动作，那就在前一个动作完成后或者两个动作之间有停顿的时候，接后一个动作。

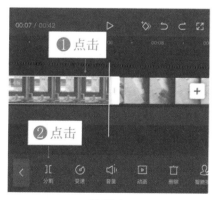

剪辑点

151

转场

从一个场景或镜头转换到了另一个场景或镜头。场景或镜头的切换，往往会打断画面的连续性。因此，好的剪辑会让转场在不经意间发生，让观众感觉不到场景或镜头的切换，从而保证观众的观看体验。

想尽可能让转场不露痕迹，让观众感觉不到"跳"，通常有以下几种方法：

切：一个镜头结束后迅速转化到下一个镜头，中间不设置其余的转换技巧，也就是我们常说的"硬切"。

淡入：画面从全黑到慢慢显露，直至完全清晰。

淡出：画面慢慢变暗，直至画面完全变成黑色。

叠化：两个或两个以上的镜头重叠起来，从上一个镜头，逐渐过渡到下一个镜头。

空镜转场：从上一个场景转换到下一个场景时，先插入一个空镜画面。比如树影摇曳、云朵飘然、车水马龙等。在拍摄的时候，我们需要尽可能多地去拍摄环境空镜，空镜也叫作万能镜头，在剪辑环境中有场景衔接不顺畅时，可以用空镜作为补救镜头。

特写转场：从上一个场景转换到下一个场景时，先插入下一个场景中的特写镜头。比如剪辑下班回家的过程，上一个镜头是在室外走路，下一个场景是回到家里，那么就可以在这两个场景中加入一个用钥匙开门的特写。特写转场能够减少场景间切换带来的突兀感。

9.1.2 剪辑的步骤

剪辑过程也被称为后期制作，后期制作的过程根据项目的大小，有繁有简。对于大制作的项目而言，其后期流程繁杂，每个环节都需要专业人士来完成。对于日常短视频来说，其流程相对简单，通常自己就可以搞定。后期制作的基本流程有以下步骤：

整理素材

很多人都会忽视素材整理的环节，从而导致在剪辑时进展缓慢。拍摄完成后，先将素材导出，再根据不同场景、不同内容进行素材的整理，确保素材没有遗漏。这个步骤其实很重要，可以根据自己的习惯将素材进行编号，以便后续快速取用。

筛选素材

收集和整理完毕后，要将所有拍摄到的素材回看一遍。拍摄的时候，经常会同一个动作反复拍多次，这个时候需要筛选出哪个镜头拍摄得最好，挑选出最满意的画面片段并标注上。不过其余的素材也别着急删，以备后用。

顺片

挑选完满意的画面片段后，根据脚本，将视频片段按照一定的逻辑顺序进行排列组合，设计"开篇—正文—结尾"的画面结构，形成这支视频的叙事框架。

粗剪

有了框架后，接下来进行画面的剪辑。找镜头之间的剪辑点，把冗长的镜头按照故事的节奏进行删减压缩，确定每个镜头的长度，把握视频的整体时长。

精剪

进一步调整影片节奏，修改细节，匹配音乐音效等。

包装

设计动画效果，补充字幕与花字，制作封面与标题等。

生成成片

按照要求的格式和大小，输出视频成片。

9.1.3 剪辑软件界面介绍

市面上支持手机剪辑的软件非常多，如剪映、快影、必剪等。下面以剪映为例，简要说明剪辑软件的使用方法。

剪映

剪辑操作界面一共有四个板块，分别是素材库、时间线面板、预览面板和选项面板。

我们可以把视频剪辑想象成烹饪一道美食。首先，做美食需要食材，视频剪辑则需要素材。素材呈现在素材库里，想要什么内容就从素材库里拿，素材库里有画面、声音、特效、贴纸等。有了原材料之后，需要把它放到锅里进行烹饪，这个"锅"在剪辑软件里就叫作时间线面板，将所有素材拉到时间线面板上进行处理，比如安排画面的前后顺序，调整画面的长短，设计画面的效果等。

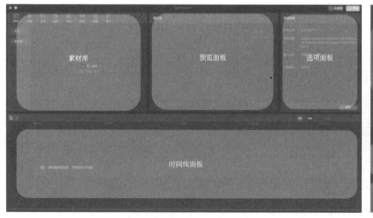

剪映电脑端界面

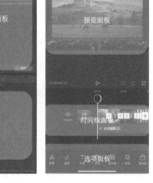

剪映手机端界面

在时间线面板上的所有操作，都会在预览面板上实时呈现。通过画面的实时效果，可以及时调整参数，就像做饭一样，喜欢吃甜口的多加点糖，喜欢吃咸口的多加点盐。参数的调整，在选项面板里完成。在选项面板里，可以针对不同选项，选择颜色、大小和角度。

9.2 口播视频剪辑实操

剪辑不难，剪好不易。
剪辑是一门需要关注细节的技术，
想让画面更丰富地呈现出来，
就要涉及很多的细节。

9.2.1 导入素材

第一步，导入素材。具体操作方法是：选择"开始创作"，在项目窗口，点击"导入"。

导入的素材一定确保清晰度，尤其是在用其他设备拍摄后传输到手机上时。用通信软件传输，很容易造成素材画质的压缩。建议使用数据线、移动硬盘或者网络云盘传输，可以保证画面的清晰度不受影响。

如果导入不止一条素材，那么就根据脚本的顺序将素材进行排列。具体操作方法是长按素材片段，左右移动即可。

导入素材的步骤：

①打开"剪映"App，点击左下角"剪辑"按钮，点击"开始创作"；

②选择相册里需要导入的素材，点击"添加"按钮。

导入素材

9.2.2 比例选择

导入素材后，先选择视频比例及背景颜色，再调整画面大小。

视频比例是指视频的格式，不是拍摄的比例。为了适应短视频平台的竖屏观看习惯，我们可以选择 3∶4 或者 9∶16 的比例。然后在背景栏选择一个背景颜色或者样式，这个可以根据自己的视频风格设计。最后，调整口播素材在画面中的比例大小。如果你拍摄的时候，人在画面里比较小，可以适当放大一些。

素材和视频的比例设置好后，就不要再调整了。后续的所有操作，比如字幕的位置、大小以及动画等，都是基于画面完成的。

调整比例的步骤：

①进入编辑状态，编辑视频比例，在下方点击"比例"按钮；

②在展开的面板中，点击需要的比例（例如：抖音 9∶16，小红书 3∶4）。

调整比例

9.2.3 剪辑气口

选择好比例之后，接下来就开始剪辑画面了。在这一步，主要是剪掉重复的内容和气口。

分享一个快速剪辑的方法：可以先将口播素材的字幕扒出来，然后对照着字幕，去看哪里有重复，哪里有空隙。具体操作方法是："点击文本—智能字幕—开始识别"，软件会自动生成字幕。每一句字幕条的位置都对应着素材中的语音。接下来，我们不需要去一句一句听素材，只要快速过文字，就知道哪里有重复，哪里卡壳停顿了。

对于重复的部分，通常都是最后一遍录制效果最好，所以可以直接把前面重复的句子删掉，留下最后一句。对于字幕有空隙的部分，就是拍摄时停顿的地方，这里可以直接根据字幕长度，把对应的素材剪掉。

短视频的剪辑节奏非常重要，如果节奏拖沓，可能让受众丧失耐心。因此，我们在剪辑的时候，可以把每两句话的中间的气口都剪短，以增加视频的节奏感。尤其是开篇的第一句，很多人都习惯停顿一下再开始讲，但是对于受众来说，开始还要等待两秒钟，耐心就被损耗掉了，所以在开头一定要把气口处理掉。

剪辑气口的步骤：

①先添加文字，点击下方"文本"按钮；

②在展开的面板中，选择"识别字幕"按钮，自动识别字幕；

③识别字幕以后，点击素材，点击左下角"分割"按钮，剪辑掉视频中间气口。

剪辑气口

9.2.4 画面衔接

气口剪掉之后，本来一条完整的镜头就被分成了两段，如何将两段镜头衔接在一起呢？一般有以下三种方法：

第一种方式，前后两个画面硬切，直接拼在一起。

这种方式适合视频语速和节奏比较快的内容。当节奏很快的时候，即便画面被剪切过，也不会影响观看效果。具体的操作方法是，在剪辑前将语速加速1.1倍～1.3倍，不宜过快，然后将气口剪掉，前后画面直接拼接到一起，中间不用添加任何转场。后续，可以在这个基础上补充一些音效和动画，就会让整个视频流畅自然。

第二种方式，调整前后画面的景别。

在录制口播时，可以采用中景进行拍摄。剪辑后，可以将中景镜头适当放大，裁切成近景。前后镜头在景别上产生变化，可以消解掉因裁切带来的画面跳跃感，让视频整体表现得自然和流畅。调整景别的处理方式，适合素材被少量裁切，只有几处需要衔接的情况。如果视频素材被裁切得非常碎，画面的景别也一直变化，反而会影响镜头流畅。

第三种方式，通过 B-roll 画面隐藏剪辑痕迹。

B-roll 这个概念和 A-roll 相对应。A-roll 通常是指口播画面，B-roll 是指对口播的补充画面和解释画面。比如口播画面讲到手机，B-roll 就可以是手机细节的展示。当前后两个口播的画面有了剪辑后，可以在口播画面之上加一个补充画面，掩盖掉之前两个画面被剪辑的痕迹，同时也可以让视频变得更丰富。

9.2.5 文字动画

文字动画可以强调重点、丰富内容，并且增加视频的互动性。通常在介绍主题、产品、重点内容的时候，或者在补充信息、设计互动的时候，可以加上文字动画。具体操作方法是在"文本"里面选择"花字"，然后填入想要的内容即可。同样，在"贴纸"里面选择"贴纸素材"，也有一些小图标可以使用。

添加贴纸的步骤：

①点击下方"贴纸"按钮；

②在展开的面板中，点击"添加贴纸"按钮；

③在展开的面板中，选择喜欢的贴纸，点击"√"。

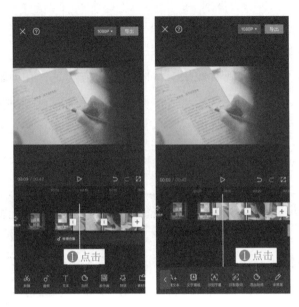

添加贴纸

添加特效的步骤：

①点击下方"特效"按钮；

②在展开的面板中，点击"画面特效"；

③在展开的面板中，选择合适的特效，点击"√"。

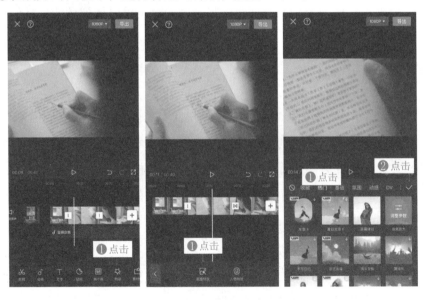

添加特效

9.2.6 添加音效

配合文字动画需要加一些音效，音效可以增加临场感，同时能够带动情绪。在综艺节目的剪辑中，音效的使用非常多，在口播视频里也可以加上音效。比如：讲到赚钱的时候，突然有钱币哗啦啦掉落的声音；讲到某件事非常棒的时候，发出鼓掌的声音。合适的音效会让这个视频更富有情绪感染力。

一般什么时机需要加音效呢？当画面转场的时候、当有特效出现的时候、当有动作和表情变化的时候，都需要补充音效。具体操作方法是点击"音频"，选择"音效"，就可以搜索任意音效了。

添加音效的步骤：

①点击下方"音效"按钮；

②在展开的面板中，选择适合的音效；

③点击"使用"。

添加音效

9.2.7 添加字幕

口播视频一定要加字幕，以帮助观众快速准确地了解视频内容。在剪映中加字幕还是比较方便的，具体操作方法是选择"文本"，选择"智能字幕"。这里注意，如果你在刚开始剪辑的时候已经识别过一次字幕的话，这里需要选择"同时清空已有字幕"。自动识别的字幕有时会有错别字，识别完字幕后需要检查一遍。

确认字幕无误后，接着选中字幕条，选择"样式"，可以调整字幕的字体、颜色、大小和位置。

添加字幕的步骤：

①点击下方"文本"按钮；

②点击"新建文本"，添加文字；

③在展开的面板中，输入文字，点击"√"；

添加字幕

④也可以在"文本"的展开面板中，选择"文字模板"；

⑤在展开的面板中，选择喜欢的样式使用，点击"√"。

添加字幕

9.2.8 背景音乐

口播视频相对单调，背景音乐可以让内容更加丰富。在选择背景音乐的时候，尽量选择没有人声的纯音乐，并且背景音乐的音量不要太大，不要干扰到口播内容。在剪映中，有以下几种方式可以添加背景音乐：

从系统的音乐库中添加。具体操作方法是点击"声音"，选择"音乐"，可以看到剪映自带的音乐库，其中音乐还按照不同风格和类型进行了分类，方便查找。不过需要注意的是，剪映系统内的音乐版权只能在字节系平台使用，比如抖音、西瓜视频等，不能够在小红书或者微信视频号等其他平台使用。

在抖音中，刷到喜欢的视频和背景音乐，可以直接收藏。在剪映音乐库中，有"抖音收藏"一栏，可以直接看到你收藏的视频，选择"使用"后，系统会自动提取背景音乐。

在音乐库中，还可以直接导入音乐。这里建议大家，如果你有长期的创作计划，可以去购买版权音乐，或者去找可免费使用版权的音乐。将音乐的链接复制到地址栏后，系统会自动提取使用。

通常情况下，音乐的时长和素材的时长是不一样的。如果音乐时长较短，可以将音乐多重复几段；如果音乐时长较长，切记一定要将多余的部分裁切后删除，否则剪映会按照画面或声音中较长的时长输出成片。

添加背景音乐的步骤：

①点击下方"音乐"按钮；

②在展开的面板中，选择喜欢的音乐；

③点击"使用"。

添加背景音乐

总结一下，剪辑口播视频大致有八个步骤：导入素材、选择视频比例、剪辑气口、画面衔接、添加文字动画、添加音效、添加字幕、添加背景音乐。完成以上动作后，视频就可以导出了。

导出视频的步骤：

①选择输出的分辨率，通常为 1080P；

②点击右上角"导出"按钮；

③导出过程中不要切换或退出应用。

导出完成

9.3　Vlog 剪辑实操

Vlog 的剪辑，在前期准备工作上和口播视频一致，

需要以下几个步骤：

整理素材、回看素材、进行挑选、将素材导入剪辑软件。

但是，Vlog 的剪辑操作比口播视频复杂很多。

所以，本小节主要讲解 Vlog 的粗剪、精剪。

9.3.1 视频粗剪

在粗剪阶段，主要是把 Vlog 故事按照脚本结构捋顺，形成初步的成片，具体包括：

①整理素材，搭建结构；

②判断是画面优先还是音乐优先；

③视频粗剪。

整理素材，搭建结构

一般来说，Vlog 的逻辑线有两种，一种是按照时间推进，一种是按照故事发展推进。比如：晨间 Vlog、美食 Vlog，先做什么后做什么，按照时间顺序来排列素材就可以；故事类 Vlog，需要按照脚本的结构，根据故事的开端、经过、结尾，将视频素材排列到时间线上。

画面优先还是音乐优先

在正式剪辑前，我们需要判断 Vlog 是以画面为主还是以节奏为主。如果视频是有旁白的，就需要以画面为主，根据旁白内容剪辑画面，因为画面的内容和长短是根据旁白的内容决定的。

如果视频内容没有对白或旁白，不需要根据旁白决定画面时，可以先去找一段合适的音乐。很多人习惯片子全部剪完再找音乐铺到视频下面，这个做法只是给视频找了个背景音乐，不能够真正让音乐为视频服务，很难借助音乐强化视频的情绪和节奏。

那么，我们该如何选择合适的音乐呢？根据经验，我们可以按照情绪、状态、用途、音乐风格等关键词进行搜索。开心、悲伤等属于情绪；亢奋、放松等属于状态；开车、学习等属于用途；轻音乐、爵士等属于音乐风格。在刚开始找音乐的时候，可以直接搜索关键词"Vlog"，先利用歌单找找感觉。

添加音乐时，需要注意：

①音量要比人声低一些，如果背景音乐音量太大，会影响到旁白。

②音乐要淡入淡出。如果你注意观察，会发现广告、MV、宣传片等大多是先用画面引出开头，然后背景音乐再慢慢淡入。讲究生活氛围的 Vlog，其背景

音乐的适用上也需要注意层次感。

③视频的同期声不要关掉，比如人物的对话、刀叉声音等。没有同期声的素材缺少灵魂，会影响到整支视频的叙事。

视频粗剪

在粗剪阶段，需要确定每段镜头的长度，找镜头之间的剪辑点，把握好片子的总体时长并进行片头设计。

镜头的长度一般没有固定的标准。如果视频整体节奏缓慢，那么每个镜头的长度可以长一些，如果视频的节奏比较快，那么每个镜头的长度就可以短一些。在日常 Vlog 里，一般来说每个镜头在两到三秒是相对合适的。如果视频有旁白或者解说，镜头长度可以根据旁白来匹配，我们应尽量在一句话的开始或者是结束时切换画面。

选择镜头之间的剪辑点有两个关键。首先，在每一次镜头切换的时候，都要给观众呈现新的信息。如果新的镜头不能提供新的画面内容，无法为故事的推进提供帮助，那就可以毫不犹豫地删掉，这样的镜头只会把视频的节奏拖长。第二，在进行镜头转换的时候，要确保前后两个画面的连贯性。这个部分，可以参考前文提及的剪辑点的选择。

在粗剪阶段，很重要的一点就是把握时长。基本上，当我们把素材整理完，片子的结构和时长也就出来了，需要注意时长不能太长。如果太长的话，可以考虑对内容进行压缩。

当内容基本剪辑完成后，可以单独设计一个片头。找出视频中最精彩的画面，每个镜头只保留一到两秒精彩瞬间，然后组成一组快切镜头放在视频的开篇。

到这里，粗剪的部分基本就结束了。目前短视频平台上，大部分 Vlog 只有粗剪的水平。不是说做得不好，只是说 Vlog 这个视频形式的要求不是很高。如果能够完成以上部分，基本上就可以成片了。但是，如果想要进一步精雕细琢，还可以进行一轮精剪。

9.3.2 视频精剪

在精剪阶段，需要进一步把握视频的节奏，完善视频的细节。比如动画、音效及颜色等。具体包括：①调整视频节奏；②优化转场效果；③添加音效；④画面调色。

调整视频节奏

什么叫节奏呢？快和慢是相对的，当我们说汽车开得快，可能是参照自行车，如果参照火车，那汽车就是慢的。所以快和慢是相对成立的。在一支视频里，如果从头到尾切得一直很快，或者从头到尾一直很慢，我们是感觉不到节奏变化的。只有快节奏和慢节奏结合出现，才能感受到快慢的起伏以及节奏带来的情绪起伏。

所以，如果我们希望片子有很好的节奏感，那我们需要让片子在该快的时候快，在该慢的时候慢下来。具体怎么操作呢？

其实画面的变换是有规律的，最简单的方式就是利用音乐的节奏带动画面的节奏。在情绪激昂处使用快节奏的音乐，在情绪舒缓的环节用悠扬的慢节奏音乐，然后根据音乐节奏去卡点切换镜头。具体操作方法是选中"音乐"，选择"踩点"，系统会自动在音轨上打点，我们只需要根据鼓点来切换画面就可以了。

对于剪辑节奏的把握需要慢慢培养，很多时候还需要结合一些讲故事的技巧。想要提升这部分品质，可以多看看电影的叙事方式，也可以学习本书附带的短视频课程。

添加自动踩点直接点击音频，然后点击下方"踩点"按钮。

添加自动踩点

优化转场

　　调整完视频的节奏后，接下来我们需要让视频更加流畅，可以检查每一个镜头的剪辑点，在适当的时机加上合适的转场效果。具体操作方法是在两段分割开的素材中间有一个方块形图标，点击图标，会自动跳出转场效果。除了前文提及的淡入、淡出和叠化外，还有特效转场、综艺转场、运镜转场等，可以根据画面需要适当添加。

　　添加转场特效的步骤：

　　①点击两个视频素材中间的"小方框"；

　　②在展开的面板中，选择合适的"转场"，点击右下方的"√"。

添加转场特效

添加音效

音效可以增强画面的真实感，给观众一种身临其境的感受。在 Vlog 中，音效主要包含两个部分：环境音效和动作音效。

环境音效，是指拍摄场景中的背景声音。比如：画面的场景在海边，就可以加入海浪的声音；如果场景在公园或者森林，可以加上虫鸣鸟叫的声音。

动作音效，比如吃饭、喝水、走路、鼓掌等，如果在拍摄时忽略掉了，可以通过音效的方式补充进来。具体操作方法是选择"音频"，点击"音效"，可以看到有很多分类，比如美食、动物、环境音等，可以在里面找或者直接搜索关键词。

添加音效的步骤：

①点击下方"音效"按钮；

②在展开的面板中，选择适合的音效，点击"使用"。

添加音效

画面调色

当画面部分修改完成后，接下来就进入调色的阶段。通常，调色分为两步，即颜色校正和个性化调色。

颜色校正，是把拍摄的画面先还原成正常的画面效果，然后在这个基础上进行个性化调色。在颜色校正环节，主要调整画面曝光和白平衡，使画面曝光准确、色彩准确。具体包括：

亮度，是指图片整体的明暗程度。如果画面偏亮可以将亮度拉低，反之拉高。

对比度，图片整体最亮和最暗处的对比。对比度强给人感觉清晰，对比度弱给人感觉柔和。

色温，简单理解就是色彩的温度。数值越低越靠近蓝色，给人清冷的感觉；数值越高越接近红色，给人温暖的感觉。

当颜色校正完成后，可以根据视频风格和个人喜好，调整画面的色调和饱和度，即个性化调色：

色调，色调可以简单理解为色彩倾向。比如日系小清晰的画面色调就是偏蓝绿色的。

饱和度，色彩的鲜艳度。饱和度越高越鲜艳。

如果对于个性化的部分把握不准的话，这一步也可以通过选择滤镜来完成。不过，在使用滤镜的时候要注意滤镜值，我们可以适当减小数值，以确保画面不会过于风格化。

调色的步骤：

①点击视频素材，然后再点击"调节"；

②在展开的面板中，调节参数，点击右下方的"√"。

调色

添加滤镜的步骤：

①点击下面"滤镜"按钮；

②在展开的面板中，选择合适的"滤镜"，点击右下方的"√"。

添加滤镜

视频美颜的步骤：

①点击视频素材，右滑底部找到"美颜美体"按钮；

②在展开的面板中，选择"智能美颜"；

③在展开的面板中，点击需要调整的地方，调整好以后点击右下方的"√"。

添加美颜

9.4 视频封面的制作

封面的作用不仅是美观好看，
它更是视频的门面，
决定着视频的点击率。

9.4.1 封面的构成

封面的构成元素有图片、文字、贴纸等。图片包括单图和拼图，文字包括标题及关键词等。一个吸睛的封面需要具备以下几点特质：构图整洁、色彩明亮、重点突出、风格统一。

构图整洁：整洁的构图更具视觉美感，同时我们也能够通过构图突出重点内容。

色彩明亮：人眼的感官系统会优先被画面中亮的部分吸引。在信息流中，众多封面可谓异彩纷呈，如果你的封面色彩明亮，那么就有可能被优先看到。

重点突出：通过封面呈现出内容价值，无论是用图片还是用文字，一定要将视频的重点呈现出来，与用户快速建立起连接。

风格统一：一个账号的封面尽可能保持风格统一，这样既整洁又高级。

9.4.2 封面的制作

视频的封面制作通常有两种方式：直接从视频中截取或单独制作后再上传。

从视频里截取的操作相对简单。打开剪映的制作页面，在时间线左侧，点击"设置封面"，然后滑动白色的光标，选择视频中最好看的一帧，点击"封面模板"，选择一个板式，然后修改文字内容、大小及位置，就可以快速完成封面的制作。

从视频中直接截取封面的步骤：

①点击左侧"设置封面"按钮；

②在展开的面板中，选择"视频帧"，左右滑动选择视频里合适的画面，点击"封面模板"；

③在展开的面板中，选择喜欢的模板，点击右上角"保存"。

截取封面

也可以选择"相册导入"，导入相册里的照片，根据导入的照片制作封面。
制作步骤为：

①选择相册里的一张图；

制作封面

②拖动或者双指缩放调整画面，调整好以后点击右下角"确认"按钮；

③选择右下角"添加文字"；

④在展开的面板中，输入文字，点击"√"按钮；

⑤点击右上角"保存"按钮。

添加文字

系统自带的封面效果比较少，如果想设计一款具有自己风格的封面，还可以利用设计软件，比如可画、稿定设计等。在拍摄视频的时候，也可以特意拍一张封面照。打开设计软件，选择封面模板，然后导入你自己的图片后修改即可。

第十章
运营技巧：
短视频涨粉与转化

前面几章详细讲解了短视频内容创作的原理和方法，为高质量、可持续的内容产出奠定了基础。接下来，如何让优质内容有更好的曝光、更好的数据，如何实现快速涨粉和精准转化，是必须思考的问题。

10.1　用数据指导创作

数据是短视频平台评判内容好坏的唯一标准，
因此运营的核心就是数据。
从本质上讲，
平台对短视频推送的算法是数据达标后的晋级奖励，
这些数据主要包括点击率、互动率、完播率和转化率。
用数据指导创作，
是最有效的运营手段。

10.1.1　点击率

视频发布后，由平台安排第一拨推送，即放在一个流量池内。在该流量池中被点击进去观看的比率就是点击率。比如，平台第一轮推送了 200 个流量，也就是将你的视频送到 200 个用户的首页曝光，结果只有 10 个人点击观看，点击率为 5%，50 个人观看，点击率为 25%。当点击率达到某个阈值，视频会被持续推送到更大的流量池。

影响点击率最直接的因素就是封面和标题。出现点击率数据低的情况，一定要及时调整封面或者标题。

10.1.2 互动率

互动率是对点赞、收藏、评论情况的客观反映，即点赞、收藏、评论数与播放量比值，直接体现内容的优质程度与账号的粉丝黏性。

10.1.3 完播率

完播率是完整播放量与播放量的比值，这项数据表示在点击打开视频的用户中，有多少人把视频从头到尾看完了。

影响完播率的因素有剪辑节奏、信息密度、趣味性等。如果视频内容干货有限、整体节奏偏慢，用户就会没有耐心往下看，会直接滑走，导致完播率低。

以 Vlog 为例。Vlog 并非简单的日常生活记录，完播率高的 Vlog 一定具有较高的信息密度，通常体现为两点：第一，画面里有没有新鲜的、好玩的、有趣的东西展现给观众；第二，画面文案有没有呈现出一个完整清晰的观点。这两者构成了内容输出的完整信息。内容有新鲜感与期待感，才能让人有看完的冲动和想法，才能提升完播率。

考虑到喜好差异，80% 以上的用户会在视频前 5 秒做出滑走动作，所以平台普遍会统计 5 秒完播率，甚至抖音还会统计 3 秒完播率，所以设计好视频前 3 到 5 秒的内容尤为重要。

10.1.4 转化率

讲完点击率、互动率、完播率，还有一个更加重要的数据——转化率。转化是指有人看了内容，点赞、评论、收藏以后，关注创作者的行为。

我曾有一篇笔记，其他数据一般，但转化率却达到了 2 : 1，也就是参与互动的人一半都去关注了我的主页，成了我的粉丝，这是非常优质的转化数据。

10.2　如何提高播放量

10.2.1 提升视频封面的设计

我曾接过一个课程平台的推广合作，为了推课程，我做了一期选题，名为《后期剪辑，可以去哪些网站学习》，一共做了四版封面。

四版封面

四版封面从左到右排布。第一个是沿袭之前曾做过的类似教程类的封面，当时的数据反馈还不错，所以就继续沿用了这个套路，发出去之后却发现新课程的数据并不好。经过排查，我进行了第一次调整，可能是由于封面上的字体看不清楚，所以数据曝光仍旧不佳。

于是我把黄底白字改成了绿字，得到了第二版封面。又发了一遍，封面图片看起来清楚了很多，没想到数据的反馈还是不好。我又进行了调整，得出了第三个封面。曾有一段时间，我账号的整体封面风格就是两幅图片拼在一起，于是我先使用了自己的头像，这样封面就有了 IP 的属性，如果我的粉丝看到，知道是我的内容，可能就会点进去。接下来我又把内容做成了思维导图拼接在头像下方，经过严密调整后再次发布了出去，没想到数据还是不行。

每个封面修改后再发出去，我都会观察两到三个小时或者半天的时间，这样的数据才有评判的价值。

于是我又开始修改，得到了第四版封面。最后一版我花了很多心思，我去了每一个提及的平台截图，然后将截图拼成了四个竖条。四个代表性的平台就会让用户产生课程内容丰富的想法。然后又将字体做了一轮调整，改得非常清楚，并且展示了里面包含的类目以及相关作用，适用人群与可以达到的效果也明确为"从零基础小白进阶影视达人"。

总结最后一版封面，其很清楚地展示了内容、重点信息、适合人群。这一版的封面发出去后，当天就收到了 300 多的点击，而前面三版封面都是个位数的点击。

再来对比这四版封面，它的逐步提升究竟体现在哪些方面呢？

价值

第四个封面上的信息传达非常清晰，一看封面就知道内容是什么。还有一个关键词叫"免费"，这就是价值，是视频的定位与属性的标签，这个价值感一定要放大。因为放了"免费"这个关键词，大家点进去的意愿就更大了。

所以在拍摄内容没有调整的前提下，只是改了封面，合理放大某些信息点，就会让数据有很大的变化。

调整封面标题

这个 300 多的点击是上述第四版封面上传后当天的一个数据，收藏和点赞数据基本上一致，比例还是很不错的。所以看到点击率非常低的时候，一定要从封面选题、封面标题上下功夫调整。标题其实是以选题为基础的，有可能调整了封面标题数据还是不行，试了三四版都达不到预期效果，那可能就是选题的问题，下次做内容的时候，重新调整选题后再继续尝试即可。

10.2.2 优化视频的关键词

在我举例的内容里，"免费"是作为一个关键词出现的。

在日常创作的过程中，也可以根据自己的内容、领域去刻意寻找关键词，或者围绕一些特定的关键词去找爆款的内容，看看其他爆款选题的封面都涉及了哪些关键词。而后再将这个关键词放到封面里，就可以把点击率的数据进行提升。

10.2.3 把握开头的黄金三秒

前3秒的重要性

如果是口播的内容，内容的重点应该有一个提前的动作；如果是 Vlog 内容，就要把这个 Vlog 里最好看的画面放在前面，这叫作高光前置。

这个视频里最精彩的部分一定要在开始就进行展示。让观众清楚地了解在接下来的内容里面，将会有什么东西呈现，他们是否喜欢或者感兴趣，感兴趣的话观众才会继续选择观看。由此可见前3秒的设计非常重要。

删繁就简

前3秒的剪辑处理不要拖沓，节奏要快。在有关剪辑的内容里，我已经教了大家如何把气口剪掉，去除不必要的词语，如口头禅、重复的语句等。如果一句话可以非常简单地讲完，就绝对不要消耗三句话去描述。

"听君一席话，如听一席话"是什么意思？就是听完这句话后，完全没有什么收获，讲的是废话。那么如何界定什么才是废话呢？

比如说描述一件事情，把其中的某句话进行删减，却完全不影响整体意思的表达，这句话就是废话。

"今天天气不错，蓝天白云，气温很温和，特别舒服"用了四句话形容天气，但其实四句话讲的都是一件事情，直接表述为"今天的天气非常舒适"就可以了。在内容创作过程中也是如此，尽量不要用两句甚至三句话去形容同一个情况，要尽量提高内容的信息密集度。

章节设置

剪辑过程中增加文字、音效、动画等，也能够推动观众获得更多的信息，提升观众的观看兴趣，增加视频氛围。

这里再提一个小技巧，叫作章节设置。

章节设置是指在上传的时候，可以把章节在时间线上标出来。比如某口播所讲的内容一共有五个点，观众在看了第一个点后，觉得有道理，但再看第二个点时，又觉得好像没意思，就有可能会滑走。

这个时候如果有章节设置的话，观众可以直接向后拉，看到第三个或者第四个内容的观点，这样也可以提高完播率，而不是说在观众没有预期的情况下，让对方产生无效等待。所以章节设置这个功能一定要合理使用，从而提升完播率。

条件允许的话，甚至可以在剪辑的过程中，在视频内部的画面里再加上进度条。

10.3 如何提高互动率

10.3.1 选择内容的角度

以分享为出发点创作内容、选择角度，是在创作过程中常用的角度方向，也是比较好用的一个套路。

在内容中输出掺杂创作者情绪的信息，也会引导观众进行互动评论，提升互动率。内容创作本质上是人与人之间的沟通，一味中立的内容选题如果没有得到很好的发挥，很难调动受众的情绪。因此，带着自己独特的观念与情绪去创作内容，会更容易与观众产生互动。

10.3.2 适当的话术引导

引导评论点赞

在内容里进行调整，比如在视频的开头、结尾多处引导大家点赞、收藏、评论，在视频中适当加入互动成分，有助于我们提升粉丝数。

举几个例子。比如，开篇会先抛出一个话题，然后可以说"今天的视频有点长，可以先收藏下来慢慢看"。这是因为作为用户，去看别人内容的时候，即便这个内容对用户来说非常有用，但看完也就结束了，很少有用户会刻意去点赞和收藏，除非是特别干货或特别感兴趣的内容。

基于这一情况，尤其是观点输出类的内容，创作者一定要在开篇引导大家，或是在内容结束后马上将互动的动作指令下达，观众潜意识里会接收到这个指令，有极大程度可能点赞、收藏你的内容。

如果内容创作里有开篇的设计的话，就去补充一句引导的指令。当然也不是所有人的创作里都有开篇的空间，具体操作还是要结合自己的视频节奏。

再比如说这一类型的引导话术，像"这些内容都是干货，能看完的人不多""今天的内容有点长，但确实是花了很多时间去整理的"等诸如此类提示内容价值感的话术，也可以在视频的开篇就呈现出来，引导大家看完并产生互动。

提问

我们可以适当问一问观众：

"你有这样的情况吗？"

"圣诞节到了，你们是怎么过节的？"

"你们今天的圣诞节怎么过？如果方便的话，你也跟我说一说你是怎么过的，好吗？"

……

你问了，观众才会产生回答的意识，这是一种很奇怪的欲望。可以穿插此类提问话术的地方不仅仅局限于开篇和结尾，在内容的中间也可以进行引导和互动。

其中最常见也最为有效的提问地点是在内容的结尾处。正如前文所提到的，观众可能喜欢你的内容，但是看完就走了，或是觉得以后还可能用到，会再点个收藏。但是观众可能一时想不到还有评论这个行为，因为这个举动与用户对内容的接收程度并不产生关联。

"如果有和你一起逛街的姐妹，你一定要把这个购买服装的小技巧、还价的小技巧告诉她。记得 @ 你的姐妹，一定要分享给你的朋友！"

"欢迎在评论区打卡，大家的问题我会一一回复。"

……

这些都是比较常见的引导话术，如果大家足够细心就会发现，绝大多数互动率较好的内容，在结尾处其实都有引导动作的设计。

给大家评论的机会

有人会说，作为观众，其实大多数时间自己也不知道应该评论些什么。所以作为创作者，其实是需要给到用户一个评论的理由的，比如欢迎在评论区打卡、提问等。

我有一个学员，他的内容以教大家怎么跑步和减肥为主，那么他就可以引导用户在评论区进行提问。如果是做分享穿搭的账号，则可以引导用户去 @ 闺密等。根据内容去设计一个行动指令，让大家去参与评论，增加内容的互动率。

10.3.3 巧妙利用评论区

回复评论区

如果一篇内容对很多人来说都很有用，大家就会自发去点赞、收藏。如果没有的话，就要去自己设计。在评论区引导评论就是一个很好的方式。

开始内容发出后，最原始的数据积累其实是可以由创作者自身来完成的。比如在评论区里给自己留言或者回复一条评论，就会大大提升内容的互动，这是平台的一个盲区。

比如说在第一个流量池，也就是在二百人的基础观看下，两个人写两个评论，创作者回两个评论，就有四个数据，作为整体加起来，就能突破到第二个流量池了。所以互动其实要靠引导。

抽奖送礼物引导评论

可以采用抽奖送礼物的方法引导用户评论。比如送三脚架、书籍等，这些都是创作者自己花钱买，自己出邮费送出去的。一般抽奖包含送礼物的内容的数据不会太差，需要在评论区刻意引导。

如果觉得送礼物成本有点高，可以送电子的内容。比如，自己整理的一个电子文档、地图、攻略等。只要是围绕某个行业且是大家比较感兴趣的东西，就可以做成一个电子文档资料包用于赠送，引导评论区互动。

同时还可以在评论区引导用户进入到私域内，完成私域粉丝的沉淀。所以这个方法是可以做到一箭三雕的，既可以提高互动率，又可以提高粉丝黏性，还可以完成粉丝的私域引导转化。

这里需要注意，在引导评论、抽奖及转化时，话术需要符合平台规则。

10.4　如何提高涨粉转化率

10.4.1　多维度理解粉丝运营

粉丝运营是什么?

第一是让粉丝数实现快速增长。

第二是粉丝实现增长后，能够同步增加黏性。

第三是将粉丝转化成消费者，实现打通变现路径。

但是所有这些动作的前提是，创作者需要本着提供价值的观念去服务粉丝，才能够与粉丝有进一步连接，双方产生足够的信任，从而实现最终的转化与成交。

了解用户群体

目标用户分析，本质上是要去思考你的粉丝是谁，再通过内容找到这个群体。在此基础上才能探讨粉丝增长、提高黏性以及如何进一步转化目标用户。

这部分内容在前面章节有所提及，即如何去找到账号的用户群体、分析自己的账号以及分析对标账号，综合研究这类账号的人群爱好、活跃时间等。

我自己的粉丝后台显示的情况如下：

女性居多，年龄 25~34 岁居多，其地域分布以广东、浙江、江苏、北京为主，其城市分布则以北京、上海、广州、深圳居多。

所以我的账号目前的粉丝群体画像是：25~34 岁，生活在一线城市的女性群体。后台还有一项数据显示得非常准确，即海外用户偏多。什么这个数据我会觉得特别准确呢？是因为在一期 10 月份的 Vlog 训练营里，有三分之一的学员来自海外。

整体看下来可以发现，粉丝群体比较年轻，还有一定的消费能力。那么我的这些海外用户是怎么获得的？可能与我的内容相关。

我的内容里曾经有几期是在海外的平台（YouTube 或 Instagram）上面找的灵感，甚至还搬运了两期海外平台上的内容，所以可能会获得一些海外用户。

基于实际情况，我的粉丝里还有很多宝妈用户，宝妈相对来说时间比较充裕，也更愿意付费学习 Vlog 的拍摄。所以这就是我的用户群体画像。每一位创作者都需要时常比对自己的数据后台，来确定和调整用户群体。

兴趣分布

通过我的后台可以发现，粉丝兴趣分布排名第二位的是美食品类，这说明我的用户对于怎么把美食拍摄好这件事是比较关注的。看到粉丝兴趣分布有美食，就可以多提供一些美食拍摄的内容。相应地，提供越多有关美食的拍摄内容，喜欢美食的用户来关注我的就越多，这是双向的。

由此判断，通过兴趣分布首先可以更好地迎合受众的喜好，其次可以通过内容设计去调整用户的兴趣分布。总之，你会知道什么样的内容更加受到用户的欢迎。

时间分布

平台用户活跃的时间大多分布在早上或是夜里。

思考一下，大概什么样的人会在这两个时间段比较有时间？比如说从周一到周五，用户是在早上的 9 点、10 点特别活跃，这些用户可能是上班族，因为他们大多会在睡觉之前看看手机，或是在第二天上班的路上看手机。

可是为什么会出现在周一的早上集中活跃的情况呢？一定是周末过得浑浑噩噩，用周一上班之前的时间打开平台放松放松，调整一下心情，所以呈现了比较活跃的态势。

及时调整

有了用户群体的倾向，我们可以多做迎合用户兴趣的内容，或者优化用户群体的画像，呈现一些可预期的改变。比如，我希望海外用户变多一点，就会相应增加有关风景、旅行的拍摄技巧内容，海外用户自然就会变多。

所以了解你的用户是谁，分析他们的兴趣爱好乃至地域分布，对于后续与用户产生深度链接，去做更符合他们关注点的内容，都是有很大帮助的。

用户的关注

我在做账号初期的时候，粉丝量并不多，一些新增的关注用户，如果正好被我看见，我就会去他们的主页看一下，关注对方平时如何介绍自己，以及发布的具体内容，或者是还关注了哪些其他博主。在对方的关注列表里，粉丝量比较高的博主我都会去记录一下。整体观察下来，就会进一步了解对方的兴趣点是什么。

了解用户的期待和心理，在内容创作的过程中就会产生"洞察一切"的感觉。

10.4.2 从细节拓宽涨粉渠道

许多人都有这样的疑问："在有人关注有人互动的情况下，如何进一步提高用户黏性，实现涨粉？"

前面提到了一个方法，点赞、关注加评论，评论区抽奖送礼物。但是因为平台不允许出现导流的情况，也不允许恶意涨粉的行为，所以在使用这个方法的时候要用一些表情符号或者是谐音，来替代一些敏感的关键词。

除此之外还有一些细节上的打磨，也会更加有助于创作者及其账号涨粉。

评论区互动

评论区里经常会出现用户的提问或是观点的阐述，适时与用户产生互动，用户就会更加清晰地感知到你的存在。

比如，用户在评论区问了一个问题，你回答了这个问题后，对方如果继续提问，你又给予了相应的回答，用户就会产生"这个博主好有耐心，我很想和他持续沟通"的想法，这是一种陌生人之间的微妙心理，会让他有被特殊关照的感觉。

这个过程十分有助于提高粉丝黏性，如果说其他的用户看到了这个评论，也存在同样的问题，你又很详细地对这个评论进行了补充回答，那其余用户对你的印象也会水涨船高，会有更多的人愿意去关注你。

这个互动一定要设计好，甚至每一篇内容下都应该有回复。

如果后期账号的整体关注度起来了，评论区的问题变得越来越多，可以针对高频出现的评论内容设计一套话术模板，这样既能够提高效率，又可以实现增加粉丝黏性和涨粉的目的。

平台里有很多的博主都会在简介里标明"不回复私信，但是每一条评论都会看"。为什么要留下这样的内容呢？

因为一对一去回复私信相比在评论区回复，效率太低了，回答的曝光率也基本为零，针对共性的问题还需要反复解答，同时对于数据没有帮助。

如果说用户有问题都在评论区提问，你回答了一个问题，有同类问题的用户就可以看评论区内你的回复，不会再去重复提问，效率大幅提高。

从数据的角度出发，评论区内提问的人越多，拉高了整体互动量，账号呈现的整体数据效果就会越好，从而推动内容走向更大的流量池。

所以要重视评论区的互动，但是在简介里你也可以不用刻意引导，还是要看具体品类的需求，分情况讨论，不同阶段有不同的打法。前期需要提升数据是可以考虑这么做的，后期如果涉及引流变现，则要鼓励用户去私信你。

和杠精做朋友

很多做自媒体的人都会有一个顾虑，觉得在自媒体上会暴露过多的隐私，包括但不限定于家人、生活的环境、性格、习惯等，从而产生一个怀疑，会不会有人因为不认同自己的一些看法或做法对自己产生一些人身攻击？

我明确告诉你，一定会的。

比如我的账号是分享知识内容的，也经常会得到这样的评论："你说什么啊？"意思就是我的内容不准确，不要误导别人。这种情况非常常见，甚至是没有办法避免的。

但是选择与杠精去杠，是最佳选择吗？当然不是。

相反，你甚至要与他们成为朋友，可以通过对方杠你这件事情，引发一个话题去讨论，从而带动更多的数据。

有一个案例可以供大家参考。我曾在评论区与一个人杠起来了，也没有很激烈的对冲，核心内容就是讨论我输出的内容究竟是否恰当。我回复对方，这个内容为什么是对的，对方又过来继续反驳我，一来一回几个回合下来，讨论出了非常长的一串对话。没想到居然吸引来很多人参与到我们的评论对话中，增加了更多评论。

这一无心的举动让那篇内容的数据大幅增加，又依托互动的数据，视频进入到下一个流量池，自然而然成了爆款。但其实探讨的核心本质是，针对一个话题对立讨论事情的对错。想要终止这场讨论也很容易，任意一方提供了较为权威的内容支撑，有了评判这件事情对错的标准，讨论的结果自然会倒向一边。

而我的那篇内容是我从 Facebook 上搬运的，因为早期做账号时还没有太多的时间去输出过多优质的内容。然后，评论区的那位朋友就来提醒我，说这个内容不是我的原创，我对此表示认同，并且补充说明了自己已经在评论区写明了原视频的作者来源及出处。没想到对方居然对此依旧不依不饶，我虽然不能理解，但基于对数据考虑，还是与他继续"对峙"了几个回合。

那篇内容就这样在我与杠精的对话中，莫名其妙地火了。

所以遇到杠精不要怕，世界上肯定会有这样的人存在，但是我们要与他们和解，并合理且充分地去利用他们的价值，让我们的数据变得更好。

小米粉丝的案例

关于提高粉丝黏性，我还想介绍一个案例，就是小米的案例。我之前在小米工作，在了解了他们的粉丝营销套路后，佩服得五体投地。

小米的粉丝权力非常大。我当时负责海外社交媒体，海外社交媒体的粉丝都能够和我的领导直接对话，公司整体是非常重视粉丝。具体的重视表现在什么地方呢？给大家介绍个名叫"100个梦想的赞助商"的案例。

小米早期发售产品是以预定形式为主，在发售第一个产品时，其实并不知道是否会有好的收效。结果100个预售名额很快就被定出去了。这100个人的名字还被刻在了小米的第一版MIUI操作系统的启动界面上。当你打开操作系统，你就会看见这100个人的网名。

小米后来拍了一部微电影，叫《100个梦想的赞助商》，后来又把这100个人的人名写在了汽车模型上，再后来小米搬进了新园区，又专门置了一个雕塑，将这100个人的名字刻上去了。

如果你是一个品牌的用户，早期你因为喜欢这个产品，关注了它，并且为之付费，结果没想到对方一直感恩戴德，过了5年、8年，甚至是10年都还能记着你的名字，你会不会觉得特别感动？你会不会这辈子就认定了这个品牌？

所以怎么提高粉丝的黏性？当你认定了你的用户就是朋友，重视对方，让对方感受到你的真诚，就能够提高粉丝黏性。

曾有一位博主出过一期内容，内容里出现了很多粉丝的名字，包括之前给他回复评论的粉丝的名字，他全部念了出来，一共念了几十个。我当时看了这期内容后特别感动，设身处地思考，如果我是那些被念到名字的粉丝，大概率我这辈子都会去关注他，并且祝福他越过越好。

以此为据，我们也可以发掘属于自己的方式，与粉丝交朋友，这一点非常重要。

10.4.3 私域内的转化及玩法

单纯依靠粉丝量去接广告，容易受到平台的限制。

为此，可以把粉丝引流到你的私域中，在私域里给粉丝提供产品，从而更有主动权地实现成交。这个产品可以是虚拟产品，也可以是实物产品、社群，甚至可以是课程或者是其他任何形式的东西。

但凡想让用户在平台之外为你付费，都需要做这个动作，转化后进行社群的运营以及社群的沉淀。

公域转私域

各个短视频平台都是公域，私域则是指能够加到微信直接对话，进入到私人领域的用户的运营。公域转私域有两个步骤：第一个是转化，第二个是成交。

先说转化。一般情况下，转化的方式有三种。第一种是以平台允许的方式，将你的微信号给到用户。

第二种方式是直接在简介里呈现相关的服务，标注上链接的具体路径。如直接咨询，或是关注公众号、加社群或微信等。关键词也需要进行上一步骤的相关处理。因为平台未必会全部封锁，所以只需要在用词、措辞的时候多注意，同时借鉴别人的表达方式，在比较安全的情况下用到自己的身上即可。

第三种方式也是比较高级的方式，称为"下钩子"。在内容相对有料的情况下，可以在内容里面下钩子。比如"可以给你介绍产品的一些具体的情况""群里有个宝妈怎么样""我的一位学员现在的情况"等，别人听到这里，就会清楚地知道，原来你是有带学员的，或者是有一个社群的。如果对方足够感兴趣，他就会主动找到你，咨询进群的方式。

这就是在内容里面下钩子，让用户主动去找你，你再去提供一个联系方式给他，让他进入你的私域。

私域的玩法

转化到私域后，你的朋友圈和微信又将迎接一套全新的玩法，就是私域的运营。

公域和私域是不一样的，公域的客单价依托的是流量，因为在公域里的信任感是不容易建立的。大家消费一个200元的产品没有太大的问题，但是让对方为你付2000元，甚至是2万元，就不容易实现了。

所以创作者需要从公域平台的产品设计上着手，做低单价的东西，等对方加了你的微信之后，再一步一步地去呈现高价值的产品。这里有很多细节还需要注意，接下来就为大家一一讲到。

1.介绍自己

用户进入到你的私域后，你要如何介绍自己？

对方加你，一定是有求于你的，需要找你去解决某些问题。这个时候你的话术要怎么讲？可以尝试"欢迎你来加到……我是……我有什么产品……这里送一个什么东西……然后需要我帮忙吗？""你是谁……你叫什么……"等欢迎的话术，继而就可以先推出一个低价的产品，类似于赠品的作用。

一般情况下，对方加你，也许不想买你的东西，只是想认识你。这个时候送他一份电子稿的文件，并在文件里加上相关的案例或是一些经验方法等，其实也是一个引流的行为。

大概率对方看了以后，会产生进一步交流的想法，或者想更深层次地了解你的产品。这就是赠品的设计思路。

2. 产品的价位

产品的设计一般有三个价位：百元、千元、万元。

一开始大家会更加接受一个百元的产品，如 99 的社群、199 的课程，先给对方一个机会去了解你。如果用户能在低单价的产品里感受到你的价值以及你的服务和真心，就会顺其自然地去成交高客单价的产品。

3. 话术

加到用户后，每一步说什么，都可以整理成一个文档，做成标准化流程，下次再吸引到新的受众的时候，也可以按这个话术发，这是第一步。

第二步，加你的人不一定会马上购买你的产品，甚至不会跟你联系，但是他会在朋友圈时时关注你，所以要在朋友圈进行布局。

4. 朋友圈布局

朋友圈的布局包括三部分的内容。

第一，人设。对方在公域平台只能看到你在某一个领域的输出，对你的生活可能不了解，所以通过朋友圈我们需要去展现日常的生活。这样做的时候首先要明确，你想成为一个什么样的人？或者是希望用户将你理解成什么样的人？基于这些思考后，再去呈现相关的内容。

比如，你想让大家觉得你是一个很好学的人，那你就日常多分享有关学习的心得或者是最近在看的书之类的内容。偶尔穿插分享一些日常生活的碎片，和家人的一些互动片段等，让大家能够更加深刻地感受到你是一个立体且生动的人，是一个有血有肉有爱好的人，拉近与陌生用户之间的距离。

第二，介绍产品。这也叫硬广告，主要阐明你的产品属性以及适用人群等相关问题。

第三，成交引导。直播期间我的社群基本上都是靠朋友圈成交的，用户看了我的朋友圈内容后，主动过来进行直接付费，甚至连咨询的环节都省略了。

这里先是需要有足够的产品介绍做铺垫，然后进行成交展示，比如"谁购买了课程""谁付款了什么产品"等。朋友圈的内容，也相当于一个下钩子的过程。当用户看到你有什么产品，并且有很多人都去购买了，同时产生了良好的反馈，那他就会心痒，从而产生了解、购买的想法。

这个方法之前的学员做芳疗精油产品的时候就使用过，非常有效。我建议她将成交每一单的咨询过程都在朋友圈展示出来，然后她就开始在朋友圈发别人向她咨询的截图，没想到炸出了很多潜水客户，相关产品也实现了大批成交。所以朋友圈的布局，其实也是在运营粉丝。

5. 社群

社群包括免费社群和付费社群。

免费的社群主要用来引流裂变，在做产品发售的时候将感兴趣的人拉到群里，再让群里的成员裂变，基数就会扩大。继而再逐步转化到付费的社群，做高客单价产品的设计。

粉丝的运营从细节处入手，首先要在内容里和粉丝做好互动，提高粉丝黏性。当粉丝有产品需求的时候再去做粉丝的转化就会变得很容易。请记住，转化私域后，还要进行至少三个环节的设计和布局，才能算作一套完整的运营体系。

10.4.4 产品运营的五驾马车

运营的最后一个部分，是产品运营。

账号就是你的产品，要去思考怎样将账号做到粉丝量更高、转化率更高，能够收获更多的价值，这是一个目的。

比如说内容分发方面，需要思考发布时间、发布形式、发布频率、目标受众，甚至是用户活跃的时间，将每一个细节仔细打磨。

发布

1. 发布形式

发布的形式上，视频会优于图文，但是图文并非不能做爆款，包括现在流行的图片博客（Plog）形式，都可以作为备选项。我们需要根据内容去发掘哪个发布形式更适合。当然，也可以根据选题去做一些调研分析，或者根据自己整体的时间和预算来衡量。有没有时间拍、预算是否充足、是否需要多人协作或者是否需要买道具等，根据自己的实际情况择优选取。

2. 发布频率

理论上是越高越好。尤其在起号阶段的发布频率一定要有所保证。我现在要求学员至少每周更新两条，但是这其实是稳定后的更新频率。前期的话，最好是保证每周能有四到五期的更新。

发布频率提升后，平台所能获取的数据反馈就越多，有了相应的数据反馈，就能更精准地调整内容，找到适合账号的方向。如果还有条件的话，可以逐步提升账号的作品发布频率，这是一个熟能生巧的过程。

我分析了一些数据比较好、活跃度比较高、粉丝量互动等数据都很可观的账号。这些账号的唯一共性是，更新频率得有所保证，因为我可以在后台看到它们90天的数据，90天内这些账号可以基本上做到每周三更的频率，甚至有一些账号能达到四更。

如果说某一阶段你的时间比较紧张，无法保证更新频率怎么办？至少也要做到每周一期。

如果没有时间拍视频，发图文也可以，这个行为是为了保持账号的活跃性。长时间没有发布内容，账号活跃性就会降低。我的一个4万粉的账号，使用时间较长，整个账号的整体情况也很健康，我发布了新作品后，平台本可能会直接将我的作品推送到第二个流量池，但我之前一个月没有发布新内容，致使账号活跃性下降，整体数据也出现了波动。

所以账号至少要保证一个最低限度的更新频率，日常随手拍的内容也是可以的，因为"发布"这个动作本身就很重要。

瓶颈期

遇到瓶颈期怎么办？这也是在做内容的时候，几乎每位创作者都会遇到的问题。前面解决都是从 0 到 1 的问题，但从 1 到 10 开始，我们就有可能遇到瓶颈期。那么，遭遇瓶颈期该怎么办呢？

很简单，调整定位。

比如因为之前的定位较窄，导致后期已经没有太多的内容可以输出了，在这个情况下是可以考虑调整定位的，但是调整的过程不是一个大幅跳跃的过程，一定是在原来内容的基础上进行外延再扩大。

现在做内容都是建议在起号的阶段做长板，要在细分领域里面再找细分，创作者前期一定是要在非常细分的领域做到头部，只要这个细分领域还没有其他非常头部的账号出现，你就有机会。

做的人越少，被看见的可能性就越大。通过这样的打法实际输出一段时间后，你会发现你几乎已经成为这个领域数一数二的大博主了。

内容的调整

在公域平台，如果用户搜索相关领域的关键词，平台搜索页直接就会推送你的内容，那基本上你就已经把这个领域占领了。这个时候就可以做下一步的调整，在细分领域的基础上进行扩大，而不是跨越到一个新的领域。这是不同的阶段定位上的一个调整。

栏目的设计

一定要注意，如果你的内容不只是专注于一个领域的时候，就要把专栏的功能利用起来。如果用户进入你的主页的时候觉得非常乱，内容也没有系统的分类，就会失去进一步产生行为的兴致。

如果某个栏目的设计很到位，使得用户对你的内容产生了兴趣，就会很容易点进栏目查看其他内容。这样，也能够方便用户对账号有进一步认知和了解，从而对你的内容更加认可。

所以出现瓶颈期后，在栏目的设计上也要进行一个调整，结合你的定位去改进布局。

加强人设

比如一开始我是做拍摄剪辑的，且在账号的经营中一直做拍摄剪辑，但是后面发现没有什么新的内容可以发了，这个领域也没有那么多的东西可以持续支撑我的创作。这时就需要再去增加一些自己特色的部分，因为这个时候你已经积累了一定的粉丝，再去输出自己的日常生活和观点，就会强化你的人设，让人设更加丰满立体。

10.5　视频的投放技巧

每个平台都有提供相应的投放途径给到创作者，作用是增加你的内容曝光。值得注意的是，并不是付费就能买来更好的数据，付费只能帮我们增加更多的曝光，让更多的人在发现页看到我们的内容，更具体地说，是发挥加速的作用。

如果你的内容足够好的话，配合投放则会加速你上热门的速度。同时投放还会起到镜子的作用。内容发出去，投放完后会相应给到你一组数据，通过这个数据就可以诊断出内容的哪个环节出现了问题，是点击率出了问题，还是互动率的问题一目了然。

所以它起到了镜子的作用，能够更加直观、快速地让你知道内容的问题所在。

10.5.1　投放的三种情况

第一种情况，当内容刚刚发布的时候，想快速测试，但是这个时候的自然流量却不足以支撑你的测试的时候，就可以选择投放。选择最便宜的档位即可，马上就会知道这个内容的情况。

但是这个比较适合人民币作者，需要有足够的资金去支撑。大多数的创作者可能都对自己的内容没有太大把握，如果每一篇内容都去投放测试，整体的资金消耗就会很高。

所以可以选择第二种情况，在内容发布后一段时间，自然流量如果有不错的反馈，这时就可以参考互动率。

一般情况下，互动率和点击率都是一样的，在 5% 以下表示你的内容质量一般，甚至是不好。比如说只有2%~3%，就说明你的内容需要进行很大的方向调整。

如果在 5%~10% 这个区间，说明内容是有一点希望的，大概能够触达最后的点赞量会有几百个。

如果点击率、互动率超过 10%，就说明内容是非常优质的，这个数据是能够上热门的信号。如果发了一条内容之后，发现互动率或者点击率能够达到 10%，这个时候就可以马上进行投放推广，让这个数据更好地扩散出去。

这是第二种情况，叫锦上添花。

第三种情况是我经常用的，比如最近一段时间账号的发布频率特别低，影响了整体的数据，我就会再次投放过去较为优质的内容，提高账号的活跃性。

当你已经有一些粉丝基础后，至少 1 万粉，又出现了断更的情况，就可以用这个方法。前期的小白创作者没有必要去尝试。

相对来说，第二种方法是比较适合大家的。

在投放的过程中，也要注意几个数据的选择。

首先要选择投放目标，我们要明确，是想提升视频的播放量、关注量还是收藏量？这三项数据的选择逻辑是基于用户的使用习惯决定的。

比如，你选择"加热"视频的播放量，平台就会把视频推送给有较强观看意愿的用户，就是在播放这个环节上比较有习惯的人；如果选择提高粉丝关注量，平台就会将你的内容推荐给喜欢点关注的用户；如果选择扩大收藏量，平台就会推给那些喜欢收藏、点赞的群体。

平台也会通过大量的算法数据研究用户的习惯，然后对用户进行分类。当创作者出现相应的投放需求后，平台就会推送至对应的群体。

通常情况下，刚开始做账号的时候我建议投放视频播放量。先推视频播放量，了解视频的质量是否合格。如果视频播放量有了数据的支撑，就能更好地观察其他数据的互动情况，评判是否继续对关注、互动和转化进行投放。如果前期对于视频播放的数据都不是很确定的情况下，去投关注和收藏，可能数据也还是会不理想。这是我在长期投放之后学到的一个经验。

其他的选项，如投放时长等，可以根据账号属性选择投放在你的用户活跃较高的时间段。投放动作最好在你的用户活跃较高的时间段之前两个小时启动。因为投放任务发布出去后，后台还会有一个审核的时间，要做好时间上的提前放量。

10.5.2　投放数据的把控

投放里面记住两个数据，5% 和 10%。互动量或者播放量 5% 以下不要投放，10% 以上可以考虑。

如果在 5%~10% 区间中，可以让数据自行发展，不要花太多钱。如果说你有较为充足的预算，数据反馈在 5% 以上时也可以考虑投放。

10.6　如何避免违规

公域平台里一般都会有相关的文件去介绍，哪些行为是平台里不被允许的。一般情况下，诽谤他人、侵犯他人知识产权之类的违法违规行为，创作者都不太可能涉及，主要会涉及的行为有以下这些方面：

第一个是有明显的导流行为，在公域展示区域内留下了联系方式，如手机号、微信号、邮箱地址等，都是平台不允许的。

这就是为什么前文给了一些建议，要用表情、拼音、谐音去导流，因为任何平台都不允许导流的行为，所以我们要隐晦操作，不要让平台判定出我们的行为违规。同时，站外链接、二维码、水印等内容也不要发。尤其是用剪映剪视频的时候，最后会加一个水印，如果没有删除处理就将视频上传到平台，平台是不予推送的，还会通知你的视频带有其他平台水印，需要删掉之后重新发。

这种事我亲身经历过很多次的，直到在剪映平台重新设置不允许私自添加结尾水印的动作后，才很好地避免了这个问题。

任何平台都希望用户能够长期停留在自己的产品里，但是相对于其他平台，微信视频号对于微信的导流行为会友好很多。

第二，明显的交易行为也是不被允许的。尤其是有营销倾向的内容，包括但不限于代购、拼单等行为，这些都属于不合规交易。

第三个违规行为是未经报备的商业合作。

报备就是在官方的后台与商家进行合作的订单。在结算环节，平台会收取10%左右的平台费用，不报备就会导致平台收入的损失，所以不被允许。

平台又是如何判定的呢？当你进行产品分享的时候，存在过于偏袒某一产品的介绍，就会被判定你与产品有合作，属于商业行为。轻则将视频限流，重则将视频直接下架，账号权重也会相应降低。

所以在进行好物分享的时候，要注意文案上的措辞结构。

第十一章

直播间：
离普通人最近的红利窗口

如果说，短视频的作用是带来粉丝量和影响力，那么，直播就是完成变现闭环的"最后一公里"。我刚开始做自媒体时，粉丝量只有几万。据此尝试直播推广我的课程，第一场就利用裂变式发售的方法，在微信视频号上实现了 20 万元的预售额。此后我又多次尝试，并且带着我的学员一起做直播，均实现了很可观的销售成绩。作为小白，我们应该如何抓住直播红利，开启 IP 变现呢？

11.1 如何低成本打造直播间的声光电

11.1.1 手机或相机

通常情况下，直播方式分为手机直播和电脑直播两种。

手机直播，在哪个平台播，就打开哪个平台的应用程序，即可进入直播界面。手机直播操作简单，但画面质感相较于相机拍摄稍微差一些，也不能够同步分发到其他平台。如果想多个平台同步播的话，需要用多个手机分别登录不同平台。

电脑直播，用相机拍摄，通过特定软件进行画面信号传输。相机拍摄的画面质感好，还可以根据需要添加贴纸信息，并且能够在多平台同步分发。不过用电脑直播操作相对复杂。首先，在设备的配置上，需要准备一台性能较高的电脑、一个信息采集卡、一台用于直播拍摄的相机以及其他配件等。其次，在

直播前，需要进行软件安装与调试。这些操作对于个人而言，稍微有些复杂。因此本节内容主要围绕手机直播展开，为大家降低启动成本和上手难度。

手机直播，需要配备以下设备：手机、手机支架、麦克风、补光灯和直播背景。

虽然任何一款手机都能实现直播，但是如果想提供更好的画面体验，并确保直播的流畅性和稳定性，不会因为设备问题出现卡顿甚至退出直播的情况，那么一款适合直播的手机就非常重要了。这部手机应该具备以下几个条件：

①手机芯片处理器的运算能力强，不会出现卡顿；

②手机摄像头像素高，尤其是前置摄像头，且美颜效果好；

③电池容量大，能快速充电。

通常，主流手机高配的型号都可以满足以上要求。购买时，可在预算范围内，尽量买处理器好、储存容量大、像素高的手机。

手机支架分为落地支架和桌面支架，直播用桌面支架较多。如果短时间直播，普通支架就能满足直播需求；如果是长时间直播，为防止手机过热，可以配置一个带散热功能的支架。

11.1.2 麦克风

手机直播时，使用麦克风可以让声音更清晰洪亮，保护主播嗓子。直播使用的麦克风分为两种类型，即电容麦克风和动圈麦克风。

电容麦克风可以让声音变得非常清脆明亮，主播不需要用太大的力气，声音就能非常清晰地传输出去，收声效果非常好。动圈麦克风的特点是精准收音，可以屏蔽一定的环境噪音，在声音的表现上，没有电容麦克风声音亮。如果你的直播环境相对安静，购买电容麦克风即可；如果你的直播环境相对有些嘈杂，或者有噪声，动圈麦克风更适合你。

在使用麦克风时，用一条数据线连接麦克风和手机，打开麦克风就可以收音。然后将监听耳机插在麦克风上，就可以听到麦克风呈现的声音效果。

11.1.3 补光灯

充足的光线，可以让直播画面更加清晰，人物在画面中也会显得更加好看。直播灯和平时拍摄视频用到的灯基本相似。在进行直播时，提前测试好画面效果即可。下面分享三类直播间的布光方法。

无实物展示直播间，如知识分享、课程销售等，把主播打亮即可，可以使用三点布光方法，在主播左、右前45度各放一盏影视灯。在这个基础上，为了让主播面部有足够光线，可以在主播面前补充一个环形灯。

小件产品展示直播间，如珠宝、美食直播间，除了主播之外，还需要大量产品展示。在这样的场景下，需要补充一个从上往下打的光，直接打在产品上。

大型直播间，比如服装直播间，需要打亮整个环境，除了打在主播身上的光外，还需要有打亮环境和背景的光。

11.1.4 背景布置

直播间讲究的是人货场的匹配，你的 IP 身份、直播间的产品安排和整个场景布置需要匹配。比如讲知识干货，可以在背景放置白板进行讲解；比如做形象穿搭，可放置一个电视屏幕进行穿搭展示，或者可以直接去打印一个大型展板，直接作为直播间的背景。

如果你不知道如何布置，可以去平台上找找参考。找风格和调性匹配的直播间，参照布置就可以。

11.2　新手如何开启一场直播

新手在开始直播前，会面临很多问题和困难。比如不知道如何在直播间表现，不知道卖什么产品，甚至会有很大的心理卡点，这分别对应直播的三个核心问题——主播的人设、产品的选择以及直播心态的建设。

11.2.1　主播的人设

主播是直播的核心。在一定程度上，产品之外，主播的人格魅力是促成直播成交的重要因素。个人格魅力就是主播在直播间的人设定位。

主播的人设定位可以从两个角度去设计，第一是主播本人的身份，第二是主播的风格。比如交个朋友直播间的罗永浩，他是执着的创业者；比如东方甄选直播间的主播，他们是随教培行业一起被淘汰的人。

通常情况下，账号的人设就与直播间的人设是相通的。尤其对于我们普通人来说，在刚刚启动直播的时候都是自己出镜，你在短视频账号中呈现的 IP 就会被带入直播间。因此我们需要考虑我的身份是什么？我适合卖哪些产品？基于我的定位，直播间应该如何搭建？

以我自己为例，我的角色是一名导演，因此我在直播间的定位也是导演，那么我的产品要围绕定位展开，可以有课程、书籍以及摄影器材等。为了更加立体展示导演的定位，我在直播内容的设计上，也会分享一些拍摄剪辑以及做账号的干货知识。因此，我的直播背景会有一块显示屏，用于播放 PPT 等。

11.2.2 产品的选择

新手在开启直播的时候，首先会思考的一个问题就是要在直播间卖什么？其实除了实体的产品之外，我们可以通过直播建立自己的影响力，或者做自己的知识服务产品。

第一是卖自己。短视频是单向的输出，而直播是互动的交流。短视频让更多的粉丝认识我们进而前来观看直播，可以帮助我们与粉丝进一步建立黏性。直播是我们和粉丝沟通的桥梁，在互动中让你的粉丝更加了解你，逐步建立对你的信任，释放你的影响力。

第二是卖服务。如果你在某一个领域有自己的经验方法，你可以去设计一套课程或者一个服务，通过直播去销售这个虚拟的产品。这条路径非常适合打造个人 IP 的老师和博主。哪怕从一个很小的产品开始都可以，比如低价的社群和课程，或者一对一的咨询等。

第三是卖产品。销售产品通常有两种方式，一个是你自有品牌的产品或者合作的产品，第二种方式就是通过平台的选品中心去找到与自己人设定位相符合的产品进行销售，以获取佣金。基本上每一个直播平台都会有选品中心，为普通人提供一个产品渠道。我们只要把产品上架到自己的直播间销售即可，不用负责产品后续的物流及售后。

所以无论你处在哪一个阶段，总会能够找到适合自己的直播产品。

11.2.3 直播心态建设

直播对于每一个人来说，都是一场挑战。它是一个未知的旅程，考量着我们镜头前的表现能力、直播带货的能力等。

首先，我们需要克服对镜头的恐惧感。虽然直播的时候是你对着镜头在讲话，但其实镜头的背后有很多很多人，所以当你感到紧张的时候，你就想象着你在跟你的朋友聊天。

其次，不要给自己太大的压力。每个人在新的领域想要完成从 0 到 1 的跨越，都是需要时间的，给自己一些时间去适应和慢慢提高，不要太在意别人怎么看你。

此外，去掌握你自己的直播风格和节奏。不同直播间呈现的状态是不一样的，有的娓娓道来，有的慷慨激昂。你需要做的就是去呈现你自己最舒服的状态。

直播间是一个能量场，当我们进到一个直播间，如果这个直播间给你的感觉特别舒服，哪怕你第一天认识主播，甚至你对产品不那么感兴趣，你也会愿意多待一会儿。就像东方甄选的直播间，整体充满文化气息，让人愿意多待一会儿，多听一听。

所以，当我们去做一个直播间的时候，我们不能仅想着，如何让画面更好看，如何促成更多的交易，更多的是去打造一个你自己的能量场。

霍金斯将能量分为多个层级，从 0 到 1000，并且给出一个参考，大部分的普通人能量在 200 左右，优秀的人能量层级可以到达五六百，只有非常少数的人能达到 700。在他研究的过程中，他发现特雷莎修女是一个能量层级有 700 的人。当特雷莎修女走到一个环境当中去的时候，这个环境中的人就能因为她的到来感受到一种平和、幸福和快乐。一个人的能量是能够影响别人的。

当你在直播间，当你呈现出一个非常积极有能量的状态时，你也会吸引到更多同频的人，甚至会帮助你成交更多。尤其是做知识付费，同样的知识很多人都在做，为什么要跟这个老师买，不跟那个老师买？因为这个老师能吸引别人，换句话说，就是他的能量吸引着别人。

11.3　如何快速掌握直播话术

直播的本质是销售，直播的销售话术，会直接影响到直播成交的结果。因此，掌握直播成交话术对于主播而言非常重要。直播间的话术主要包含三部分：互动话术、卖点话术和成交话术。下文详细讲解这三个部分。

11.3.1 互动话术

互动话术就是和直播间观众的互动内容，其主要任务是让观众在直播间停留更久。观众的平均停留时长是平台判断直播间优质与否的重要考核指标。

观众停留时间越长，说明直播间的内容越优质，平台也会愿意把更多的流量资源分配过来。

除此之外，直播间的有效互动也能够更加准确地调动起意向购买客户。有一些观众虽然在直播间没有发言，但他可能对产品有一些兴趣。对于这部分观众，主播需要通过话术让对方参与其中，和你产生互动。有了互动，就会提升进一步转化的可能性。

11.3.2 卖点话术

卖点话术需要解决的问题是，直播间的产品为用户提供了什么价值。除了常规去介绍产品的特点之外，还需要在日常生活场景中将价值传递出来。

比如说卖一口铁锅，它的常规卖点包括无涂层、纯铁锅、价格优惠等。常规卖点无法让观众瞬间感知到，因此可以在此基础上，加上场景的描绘。比如家里有小宝宝的，使用纯铁锅给宝宝做辅食就不用担心涂层的安全问题，而且铁锅做出来的食物更香。再比如卖珠宝首饰，如果你说今天推荐的这个珍珠项链适合带去参加宴会，听上去很高级，可 80% 的普通人没有机会参加宴会，大家感知不到产品和自己需求的联系。但如果你说这款项链非常适合和男朋友约会，搭配一件法式连衣裙，会显得格外优雅知性，那么观众就会觉得这款产品离自己很近。

所以，在设计卖点话术时，一定要结合用户的真实使用场景，把产品价值描述出来，与用户的生活关联起来。

11.3.3 成交话术

成交额是平台考核直播间最重要的指标之一。成交话术直接影响转化率和成交额。

我们常见的直播间成交话术套路就是人为设计产品的稀缺性。比如库存有限、最后剩多长时间，以及直播间下单有多少赠品福利和折扣等。其目的就是让意向用户立刻下单。

不同品类直播间的具体话术不太一样，我们应该如何掌握话术能力呢？有三个要点。

第一，拆解优秀的直播间。找到和自己产品品类及用户人群相似且做得较好的直播间，去录制其直播内容进行拆解学习。

第二，对产品足够了解。总结自己产品的卖点。然后，根据对标直播间的内容，进行不断优化。

第三，对用户足够了解。了解用户真正的购买需求，以及在购买过程中会有哪些担心和顾虑。

这里分享一个直播话题提升训练四步法。

第一步，录制对标直播间 30 分钟左右的内容。逐字去拆解直播内容，并根据对标直播文字稿，撰写自己产品的文字稿。模仿就是最快的学习，这个过程会耗费一些时间，但却是必不可少的有效环节。

第二步，去模仿主播。模仿时尽量还原到 90% 以上，包括他的神态、语气、表情等，甚至连你的穿着场景都可以去对标。

第三步，直接模仿录制相同的话术录像。打开你的前置摄像头，站到你所录屏的主播站立的位置上，去说他说的那些话，去做他做的那些动作，去模仿他那些表情。即便没有用户与你互动，你的情绪也要像他一样。直接模拟成熟主播，做到一模一样才算达标。

第四步，回看直播，反复优化。在一遍遍练习中，掌握主播的话术与技能，进行提升训练。

直播间就是一个修炼场，我们需要去持续打磨优化直播能力和话术能力，只有不断精进，才能适应互联网和自媒体的快速变化。